JN207050

自然の歴史と人の歴史が織りなす多様な植物社会

# 鹿児島植物記

寺田仁志

Terada Jinshi

南方新社

# はじめに

鹿児島には人々をわくわくさせる自然がたくさんあります。

屋久島が世界遺産に指定されて 20 数年が経ち，今度は奄美・徳之島・沖縄北部・西表島の世界自然遺産登録を目前にしています。国立公園は天草，霧島･錦江湾，屋久島，奄美･沖縄の 4 件，ジオパークは霧島，桜島･錦江湾，三島村・鬼界カルデラの 3 地区があります。また，国指定天然記念物も 48 件あり，そのうち特別天然記念物が 7 件と全国で最も多いのです。

こんなに一つの都道府県に集中しているところはほかになく，自然に関心のある世界の人々にとって鹿児島はあこがれの地となり，海外からも多くの人が訪れるようになりました。

鹿児島の自然の豊かさは，地球の中での鹿児島県の位置，自然の歴史，人の歴史という 3 つの要素があって初めて生まれ，継承されてきたものです。

2018 年は明治維新から 150 年の年でした。明治維新は，日本近代化の先覚者，第 11 代薩摩藩主島津斉彬の推し進めようとした集成館事業，富国強兵の影響が大で，主君の思想に共鳴した大久保利通や西郷隆盛をはじめ多くの薩摩藩士の力も強大でした。

でも，薩摩藩が外様であったにもかかわらず新しい日本を牽引できたのは，藩に財力があり，それを支える住民がいたからです。

財力の源は県本土だけでなく，奄美および琉球，種子・屋久をはじめとする南西諸島，そして甑島の人と自然。それを巧みに利用してきたことにあります。別の表現をすれば，それらを収奪してきたからにほかなりません。

世界遺産屋久島の森では，薩摩藩の年貢として樹齢 1000 年を超える屋久杉の良材が切りだされ，藩外に大量に持ち出されて高い収益を生みました。現在も生きている屋久杉の多くは，伐採するには地形的に困難であったり，平木にするには素性が悪かったりしたものです。もし江戸時代の伐採がなく，かつての自然がそのまま残っていたなら，そこは垂直に伸びる巨木が林立する見事な森となっていたことでしょう。

奄美は，1609 年の琉球侵攻後に薩摩藩の直轄地となりました。藩は平地でのサトウキビ栽培を徹底させ，島民は集落外れの斜面や山を開墾しなければ生きていけませんでした。山畑に芋を植え，耕作できない急斜面にはソテツを植えて飢えをしのいだのです。もし薩摩藩の支配が厳しくなければ，より広い範囲で亜熱帯性の照葉樹林が残り，さらに生物多様性の豊かな地域となっていたとも考えられます。

明治以降は身近な自然に著しい変化が起こりました。

というのも，江戸時代，250 年の間にほぼ 3000 万人を維持していた日本の人口は，明治維新後 150 年でほぼ 4 倍に増えています。江戸期には安定的な産業構造があり，生活を支えるために里山が形成され，落ち着いた自然景観があったとされています。

維新後の爆発的な人口増加は，湿地を埋め，里山を過度に利用し，「耕して天に至る」ほど耕作地を拡大させました。とくに第二次大戦後の 10 年間に地方の人口は爆発的に増え，里山は酷使されました。その後の高度経済成長期以降は都市に人口が集中し，地方の過疎化が始まり，現在では集落共同体が形成できなくなるほどのいわゆる限界集落が，鹿児島でも増えつつあります。

この戦後の人口推移や社会構造の変化により日本の自然は大きく変わりました。湿地を埋め立て，住宅や産業用地などの都市空間をつくりました。地方では戦後の拡大造林によって自然林はことごとく伐採され，一面スギやヒノキの人工林となり，その後に続く木材不況のために手入れもされず，植林という名の自然破壊が起こりました。生活様式も変化して，住宅用のカヤや牛馬飼育のための草は不要となり，草原は放置されて森林に変わり消えてしまいました。

このため湿地や森，草原の植物種は激減しました。絶滅の恐れのある生物種が増え，既に絶滅したと思われる生物もいます。また，人々の交流によって多様な生物が国外から侵入し，在来の生きものの生存を脅かしています。

今ある自然はこういう歴史と折り合いをつけて成立しているのです。

さて，世界で注目されている自然のある地域に住む私たちは，身近な自然を大事にしているでしょうか。眼前にかろうじて残っている原生的な自然には驚きをもって見つめるものの，私たちの生活や歴史を支えてきた自然は空気のようなものとしてとらえ，無関心になっていることが多いのではないでしょうか。

鹿児島の自然は独特のものがありますが，これは急に生まれたものではなく長い地球の歴史の中でつくられたもので，その歴史で見るとほんの短い時間の人の活動によって変えられてきました。

この自然は今を含む過去からの私たちの活動の遺産です。この遺産は現在の人たちだけのものではなく，次の世代，また次の世代へと受け継がれていくものです。この自然という遺産の中で生活しなければならないものなのです。今の自然は過去や現在だけの視点でなく，未来の視点でも考えなければならないということです。今の自然は，私たちを含めた未来人と未来の地球からの預かりものでもあるからです。

私たちは積極的に今の自然を足下から見つめ，次の世代に引き継ぐ価値を発見していくことが大事だといえます。目の前に起こっている自然の変化やそれぞれの価値をもっと知り，自然の中で過ごすことを楽しみましょう。そして預かりものを大事にして，次の世代へ引き継げたらと思います。

2019 年 1 月

寺田仁志

# 目次



写真·資料等の提供者は，*番号 を付して巻末に表示しました。

第1章

# 人里のうつろい

# 野いちごの味

幼い頃，私たちのまわりにはおいしい野の幸がたくさんありましたね。中でも春は，野いちごが一番人気でした。学校の帰り道やお使いの道すがら，子どもたちはどんな時にも道ばたに目を光らせていました。

道ばたに低く生えるクサイチゴはほのかに甘く，やや水っぽい味。果実が赤いので鹿児島県内ではアカイッゴと呼ばれました。山麓には小型のヒメバライチゴも。南西諸島には大型になるリュウキュウバライチゴがあり，これもアカイチゴと呼ばれました。

クマイチゴは，あまり刈り取りがされていない畑の縁や荒れ地などに生えています。濃い紫色の果実は大型でたくさん実るものの，硬くて味にむらがあります。が，それもまた楽しみの一つでした。

鳴子のように白い花が咲くナガバノモミジイチゴは，黄色い果実が実るのでキイチゴ，キイッゴと呼ばれ，甘みの強い極上品でした。伐採跡地や山道などで群生している姿をしばしば見るものでした。南の方の黄イチゴ類としては，リュウキュウイチゴが同様な場所に現れます。

リュウキュウバライチゴ，リュウキュウイチゴを収穫するとき，子どもたちはツワブキの葉を採り，ろうと状に巻いてコシダの葉柄で止めます。その中に採ったイチゴをこぼれるほど入れ，上部から絞ってジュースを作るのです。春の最高の贅沢でした。

北薩地方に，バライチゴとモミジイチゴを掛け合わせたようなコジキイチ

クサイチゴ

ナガバノモミジイチゴ　（花＊1）

リュウキュウバライチゴ　＊2

リュウキュウイチゴ

ゴが希に生えています。黄イチゴの中でもとびきりおいしいのですが，葉や茎にびっしりついた鉤が衣服や手にしつこく引っかかり，まるで乞食にせびられるようだというのでこんな名がつきました。

大型の蔓植物のホウロクイチゴは，黄イチゴ類に遅れて実をつけます。硬い苞に抱かれた淡赤色から赤色の果実には長い毛も多く口に障りますが，甘みが強く人気のあるイチゴです。土砂がたまるような崩壊地にしばしば生えるので，ドシャイチゴ，バシャイチゴとも呼ばれていました。

度々草刈りが行われるような畦畔（あぜ）には，チガヤに混じって紫色の花が咲くナワシロイチゴがたくさんありました。梅雨になってから実るのでナガシイチゴ（ナガシは方言で梅雨のこと）とか，タウエイチゴと呼ばれました。顆粒状になった１つ１つの果実が大きくて酸味が強く，うっとうしい時季に爽快さを運んでくれました。

屋久島や種子島では，トビウオが産卵のため陸に近づく頃に熟すことから，トッピョイチゴと呼ばれました。この頃はちょうど，ホトトギスが恋の季節。里山でも度々鳴き声が聞こえます。屋久島では，ホトトギスの鳴き声の聞きなしは「てっぺんかけたか」ではなく，「とっぴょ捕ったか」でした。

梅雨が明ける頃，ナワシロイチゴも終期を迎えます。その頃まで残る実はとくに大粒でルビー色になり，味も濃く酸味も強く，心に残る味がします。

冬に熟すイチゴもあります。ヤマイチゴと呼ばれ，森林の床を這うように生え，鈴なりの赤い集合果をつけるフユイチゴ。酸味は強いのですが，冬の貴重な楽しみの一つとして，かじかむ手で集めてはほおばるものでした。

無味なヘビイチゴは誰も手を伸ばしません。ヘッノイチゴと呼ばれ，敬遠されました。

イチゴの多くは白い大きな花弁が愛らしく，その後に実る果実はおなかを空かした子どもたちの好物で，いずれも地域の自然を身近にしてくれる植物でした。今もそこかしこに生えているのに，気に留める人は少なくなりました。

ホウロクイチゴ

ナワシロイチゴの花

果実　＊1

フユイチゴ

ヘビイチゴ

# 野のめぐみ

春はイチゴだけでなく，様々なものを食べました。鹿児島でツバナ，マカヤと呼ばれるチガヤは，花穂が柔らかいうちはわずかに甘みがあります。葉鞘から取り出し，くちゃくちゃとガムのように噛んでいると，いつのまにか胃の中に移動していました。白い地下茎も，掘り出して噛んでみると繊維の中にわずかな甘みがありました。

サトガラと呼ばれるイタドリ，スイバやギシギシの新芽は酸っぱいものの代表。そのまま食べると酸味が強いので，時には塩でもんで食べました。やや小型で蔓になるツルソバの新芽も同じようにして食べられます。4種とも天ぷらにすると酸味があって独特の味が楽しめます。

5～6月頃はクワの実がおいしいものです。甘みが強く，たくさん食べると口の中が赤く染まります。よくギンバエが止まっていて不潔に見えるので，大人からは「疫痢になるから食べたらいかん」と言われました。「食べてないよ」と否定しても舌を見せると嘘がばれ，「ばかだね」と笑われたものです。

秋には秋の楽しみがありました。ブドウに似たエビヅルはガネブ，ガラメとも呼ばれ，黒く熟すとうれしいほど甘くなります。まだ酸っぱいものであってもしっかり食べ，口のまわりまで黒くなるのを競争するものでした。

紫色や黒さが鮮やかなノブドウはいかにもおいしそうですが，インガラメ，インガネブと呼ばれ（インとは犬をさす方言で，まがい物の意），中に虫が入っています。子どもたちもちゃんと

チガヤ．右は葉鞘から取り出した花穂（＊3）

イタドリの新芽

スイバ

ギシギシ

知っていて，食べることはありませんでした。

イヌビワは雄株と雌株があります。雄株の果実は秋から春にかけ熟したように見えるものの，中に虫（イヌビワコバチ）が入っており，割ってみてはがっかりするものでした。一方，雌株は夏から秋にかけてコタッノミと呼ばれる実がなり，黒く熟すとイチジクのような味がします。

傷つけると多くの乳液が出るオオイタビは，別名カラスノチチ。イヌビワと同様，雌株につき秋に熟す果実がザクロのように割れてイチジクよりさわやかで，高級な果物です。秋，オオイタビの雌株が生える石垣からは目が離せませんでした。

生け垣のイヌマキにも子どもたちは目を光らせていました。イヌマキは雄株と雌株があり，雌株は秋に胚珠を含む部分が膨らんで種子となり，その基部も丸く膨らみます。基部の膨らみは花床といわれ，熟すと次第に赤く，ほの甘くなり食べられます。先端にある種子は緑色になって白い粉を吹き，こちらは毒成分を含んでいます。全体としては緑と赤の団子を串刺しにしたよ

イヌマキ

クワ

エビヅル

ノブドウ

イヌビワの雌株と雄株

オオイタビ

うな形で人形にも見えるので，ダゴンミ（団子の実）とかニンギョンミなどと呼ばれました。

スダジイやコジイの実は生のまま食べ，縄文時代からのDNA（?）を刺激しました。生臭いので，空き缶などに入れて炒って食べるとしばらくは軟らかく，そして甘くなって文明を感じました。

ムベはウンベ，アケビはインノクソウンベ（犬の糞ムベ），ミツバアケビはアカンベ（赤ムベ）といいました。アケビとミツバアケビを区別せずに，アケッ，またはカラスンウンベ，ネコノウンベと呼ぶこともありました。熟したものはそのまま，未熟なものは米びつに入れたり，りんごと一緒に閉じ込めたりして追熟して食べました。

マタタビやサルナシ，シマサルナシなどのマタタビ科の果実は，輪切りにしてみると小粒ながらまさしくキーウィフルーツです。味もよく，未熟なものはアケビなどと同様，追熟して食べました。

霜が降りる頃になるとガマズミやハクサンボク，カキなどは渋みがなくなります。子どもたちは干からびたものまで採って食べていました。

いくら霜が降りてもカラスウリはおいしくなりません。でも，キカラスウリの大きな果実（烏西瓜と呼ぶ地方もある）は甘く，マンゴーのような味がして意外性があります。

ヤマノイモはジネンジョ（自然薯）と呼ばれ，葉が黄色くなって落ちる頃を見計らって掘りました。かるかんの原料としたり，すりおろして生で食べたりもしました。かるかんは今でこそお店で買いますが，昭和30年代までは自宅で作るお菓子でした。

芋を掘り出すときには金ツイ（先端のとがった独特の金具。キンツ，キッツとも）を使うと効率がいいのですが，

スダジイ

コジイ

ムベ　＊1

ミツバアケビ

シマサルナシ

ハクサンボク

食べられないカラスウリと
おいしいキカラスウリ

キカラスウリ

ヤマノイモ

山芋の地下茎は長くヨンゴヒンゴ（くねくねと曲がった様子）して，無傷で掘り出すには技術と時間が必要でした。ジネンジョは地下茎だけでなく葉の付け根につくムカゴもそのまま，あるいは米と一緒に炊いて食べました。

なお，鹿児島でしか通じない「山芋を掘る」は，「酔ってくどくど言う。ねちねちと絡む」というような意味。曲がりくねって折れやすい山芋を 2，3 人であれこれ言いながら掘るようすが，あたかも口げんかをしているように見えることが原型といわれています。

シャシャンボはミソッチョ，サセッとも呼ばれ，冬，空気が冷たくなった頃に食べました。ブルーベリーのような独特の酸味がうれしいものでした。

グミは渋みがあり，大人からは便秘になると言われましたが，それでも食べていました。ナワシログミはグミの代表でヤマグン，グンと呼ばれ，苗代をつくる 6 月頃に熟します。アキグミは秋から冬に熟し，小粒で大量に実るので，フユグンやアワグンと呼ばれます。子どもたちは基地遊びの中で凍えながらグミを採り，口いっぱいにほおばったら果肉だけを食べ，種子はペーッと吐き出していました。

かつて子どもたちは誰よりも早く，鳥や獣たちよりも早く，熟した果実を見つけようと野山や里を駆け回り，自然との身近な関係をつくっていたものでした。

シャシャンボ

ナワシログミ

アキグミ

# かごしまは団子天国

団子は小麦や米などの粉を水に溶かして形を作り，蒸したり茹でたりしたものです。急なお客さんがあったときのおもてなしとして欠かせないもので，かつてはほとんどが自家製でした。

鹿児島を代表する土産物の軽羹（かるかん）は，自然薯（じねんじょ）を原料にした羹（かん）です。羹とは木箱に流し込んだ材料を蒸して適当な大きさに切ったもの。鹿児島では軽羹のほか，小豆羹やヨモギ羹，米羹などもよく作られました。

若い女性にも人気のしんこ団子は，一説に日置市の扇尾小学校の近くにあった深固院というお寺で，和尚さんが農民にふるまったものが起源といわれています。醤油味の串団子は香ばしく，甘いみたらし団子とは異なり，薩摩の気風が感じられます。これらは今でも，そのままの形で流通しています。

熊本あたりでよく作られるイキナリダンゴは，練った米粉や小麦粉で芋とあんこを包み蒸したものですが，今はラップに包んだものが道の駅などで販売されています。そう，おいしい団子もそのままではべとつき，腐りやすいのです。

そこでべとつきと保存性の悪さを改善したものが，植物を使った団子の皮

リュウキュウバショウ

シイ林中のハラン．三島村黒島

庭先に植えられたゲットウ

です。

団子はもともと東南アジアから伝わったとされます。そこで使われていたのはバナナの葉。奄美や熊毛地域でも栽培され，羹を作るときの下敷きとしてよく使われました。ただ破れやすいため，これに代わってショウガ科のゲットウやクマタケラン，アオノクマタケランが利用されるようになりました。いずれも葉がつややかで丈夫，抗菌作用のある芳香成分を含みます。そのうち，ゲットウとクマタケランは東南アジアや台湾を原産とする植物です。それが現在，指宿や志布志などの人里にも分布しているのは，団子をおいしく長く食べるために採った先人の知恵の証なのです。

さて，奄美ではゲットウに包んだ餅をムチ，サネン団子などといいます。カシャ餅という集落も多数あります。サネンはゲットウのことで，カシャとはカシワの変化です。ただカシワの木は，北海道や東北などの北方で海岸林をつくりますが，東京や大阪，鹿児島などでは植えない限り生えてきません。そのカシワがない奄美で，どうしてカシャ餅というのでしょう。

ちなみに，鹿児島県に生育するカシワとつく植物にアカメガシワがあります。芽が赤いのでアカメなのですが，こちらはドングリのできるブナ科ではなくトウダイグサ科です。共通するのは葉が丈夫で広いこと。かつては食材を巻くのに使われました。旧高尾野町あたりでは，旧盆の 8 月 14 日の夜にアカメガシワに包んだ団子（カシワダ

香りのよいクマタケラン

アオノクマタケラン

カシワ林．北海道石狩市

アカメガシワ

ゴ）を作ったという記述と挿絵が残っています。

カシワとは，炊し葉（カシワ）の意，穀物や芋などをくるんで炊く葉のことです。そう考えると，ゲットウで包んだ餅がカシャ餅と呼ばれることにも合点がいきます。

ところで，バナナやゲットウがなかった九州本土や西日本の先人たちは，どんな植物を使って団子を作ったのでしょうか。

団子の皮に適した植物の条件は，広い丈夫な葉であること，表面がなめらかでモチの剝がれがよいこと。また，すぐ手に入ること。それは，人家近くの道ばたや森の入り口で普通に見かける植物であることが重要です。

この条件にかなう植物がサルトリイバラです。サルトリイバラは温帯地域の林縁に生えるとげのある在来種で，鹿児島から東北まで生えています。古くからサンキライやカカラ（植物に寄りかかる，引っかかるの意）と呼ばれ，これで包んだ団子は本州内にも多数の地域であります。鹿児島ではカカラン団子と呼んでいます。

鹿児島ではサルトリイバラ以外の植物も使われました。ニッケイの葉で挟んだケセン団子や，サツマイモ団子をアオギリの葉で巻いたイッサキ団子，ほかにもハランの葉で芋餅を巻いたダゴマキ，モウソウチクの葉鞘で餅米を包んだあくまき（灰汁巻き），ダンチクの葉で巻いたツノマキがあります。

ケセン団子は県内一円で作られます。ニッケイは葉が厚くて丈夫で香りがあり，ケセン，キシン，ゲセン，ニッキなどと呼ばれ，庭先に植栽されるものでした。もともと九州本土には自生しませんが，徳之島や沖縄のヤンバル，中国大陸に自生があり，モチ文化とともに南方から渡来したものと考えられます。なおニッケイの根は芳香があって甘いので，掘り出してしゃぶる

カシワ餅

カシャ餅　＊4

あくまき

カカラン団子

ツノマキ

ケセン団子

田植え時のまかないにもなったイッサキ団子

ものでもありました。

驚くのはイッサキ団子。イッサキとはアオギリのことです。伊豆半島以南の海岸林や二次林の中に自生する樹木で，掌状の葉の葉身は25cmにもなり，たった1枚で団子をはみ出さないように巻くことができるのです。イッサキ，イッサクなどと呼ばれ，植栽も行われました。葉を利用するだけでなく，樹皮から採れる繊維が柔らかく強靱であるため，農家の重要な働き手であった牛や馬の引き綱をはじめ様々な紐や綱，網にも使われました。今でもアオギリは畑や田との林縁でよく見かけます。イッサキ団子は姶良地域で販売されているのを見かけます。

竹には独特の香りがあります。モウソウチクの筍の皮は香りもよく，竹の中ではとくに丈夫で広いため，格好の皮となります。灰汁に浸した餅米を包んで蒸した団子はあくまきと呼ばれ，現在は粉にした黒砂糖やきなこをまぶして食べます。戦時には非常食として用いられたとも伝わっています。関ケ原の合戦の時にも用いたといわれますが，モウソウチクが日本に伝わったのは1736年。島津吉貴が「琉球を通じて2株取り寄せた」のが起源とされていますので，その頃は違った形の保存食だったのでしょう。（1章「広がるモウソウチク林」参照）

ツノマキには幅8cm前後のダンチクの葉が使われます。より大きな葉であれば1枚で，小さな葉であれば2枚を組み合わせて米を包みます。ダンチクは海岸部の湿潤なところに生える，竹というよりヨシの仲間で，ツノマキは屋久島や種子島で作られる地域限定の団子です。

このように南北600kmもある鹿児島は多様な植物があって，団子の皮となる植物種も多く見つかります。鹿児島に多様な食文化があることは，団子一つをとってみても分かるのではないでしょうか。

サルトリイバラ

アオギリ

ダンチク

# 屋根を葺いた植物

戦前の民家の写真には，茅葺きや藁葺きの屋根がよく見られます。江戸期はもちろん明治期でも，鹿児島の農家の多くはそうでした。裕福な家では瓦葺きでしたが，一般の家は茅葺きや藁葺きが中心でした。

茅葺き屋根はカヤだけを使うことが一般的でしたが，麦わらを混ぜることもありました。カヤは藁に比べて腐食しにくく，茅葺きは十数年サイクルで，藁葺きは数年サイクルで葺き替えが行われました。

茅葺きに使われたカヤはチガヤ，ススキが主で，東南アジアを原産地とするトキワススキも多用されました。

トキワススキはトッカ，トッガなどと呼ばれ，ススキに比較して茎や葉が長くて腐りにくく丈夫な素材で，屋根を葺く材料としては一級品でした。ススキの草丈は 1.5 mがせいぜいで，9月頃に開花しますが，トキワススキは2 mにも達し，6 ～ 7 月に開花します。冬場も葉は枯れずに緑色をしていることから，トキワの名がついています。

日本に来た本種は遺伝子の多様性がなく，また稔性が乏しく，主に地下茎で繁殖し株立ちします。このため，かつては開墾がしにくい土地や田畑の畔に，土留めを兼ねて植えられました。戦後，生活が豊かになると茅葺きは廃れ，トキワススキも利用されなくなったため，栽培は放棄されました。今は細々と山間の地や耕作地の縁で生き延びています。姶良市では寺師から北野にかけて，指宿市では今泉から池田湖にかけての畔に，まとまった群落が見られます。また，南さつま市では大浦のクジラ館近くに，大隅半島では柏原

茅やリュウキュウチクで葺かれた高倉群．
奄美大島大和村

リュウキュウチク葺きの小屋．
十島村諏訪之瀬島

海岸等の道路際にも残っています。

ところが，徳之島と与論島を訪問して驚きました。トキワススキがまだまだまとまって繁茂して，畑の畔で防風垣のように使われていたのです。地下茎もさほど走らず，根が畑に進出して耕作地を侵すことがないトキワススキ。主幹作物のジャガイモやサトウキビよりさほど高くならず，強風で倒れても作物を傷めることもありません。現在の様子からも，琉球諸島でもかつては屋根を葺くのに重要な素材だったことが分かります。

トキワススキの国内での分布を見ると関東南部から琉球列島となっていて，県内では屋久島，トカラ列島を除く一円に分布しています。なぜ屋久島とトカラ列島に分布しなかったのかというと，カヤに代わる素材があったからと考えられます。

じつは，屋久島でウィルソン株を発見したE. H. ウィルソンが屋久島を調査した時の写真に，1914年当時の集落が写っています。それには瓦葺きはありますが，茅葺きの家は全くなく，屋久杉の平木を大きな石で押さえている家がほとんどでした。

藁葺きの家．与論民俗村

サトウキビの防風垣に使われるトキワススキ．徳之島伊仙町

トキワススキ

ススキ

メガルカヤ

屋久杉は樹脂分が多く腐りにくい性質があり，上質な平木として名が知られています。屋久島では江戸時代に年貢として平木を納め，端材（はざい）は島民の屋根に使われました。多雨の屋久島では，わざわざ腐りやすい茅葺きにする必要はなかったため，トキワススキは移入されなかったと考えられます。

今，トカラ列島の平島小学校には，集落の人たちが復元した竹葺きの小屋があります。トカラ列島ではカヤよりも丈夫で腐りにくいリュウキュウチクが豊富にあり，これで屋根を葺くのが一般的でした。

ウィルソンが撮影した屋久島志戸子集落のセンダン．
後方と左手に見える家屋の屋根は，屋久杉の平木を使ってある



リュウキュウチクといえば，2018年のNHK大河ドラマ「西郷どん」のオープニングで，西郷がじっくりと岬に立つシーンがありましたが，覚えていますか。あの岬は奄美大島大和村の宮古崎です。生えている笹はリュウキュウチクで，高倉や民家の屋根に使うために何度も伐採され，また海からの強風を受けて貧栄養になり，大きくならなかったのです。

屋根を葺くには大量のカヤが必要です。かつては里山の一部にカヤを切る立野と呼ばれる場所があり，集落が共同で利用していました。カヤの品質を高めるため，定期的に野焼きもしました。このため安定した草原が維持されましたが，今では放棄され森林に変わっているところがほとんどです。

樹皮も屋根に使われた屋久島のスギ

火入れによって維持される草原.
陸上自衛隊吉松演習場

三島・十島では野焼きによって
リュウキュウチクの群落が増えている

川内川堤防の野焼き風景

宮古崎のリュウキュウチク．かつては高倉の屋根を葺くのに使われた　＊4

# 肥料も里山から

作物を育てるには肥料が必要です。窒素，リン酸，カリウムは肥料の三要素と呼ばれ，とくに窒素肥料は量的にたくさん必要です。

1906年にドイツで開発されたハーバー・ボッシュ法で，空気中の窒素をアンモニアに変える技術が確立しました。この技術を利用して，日本で農作物の栽培に必要な窒素分を肥料として利用できるようになったのは1950年代。庶民が化学肥料を農業に普通に取り入れるようになったのは，その後の1960年代以降のことです。

当時の化学肥料は高価で，金肥と呼ばれました。農家は窒素肥料を使うために，自宅の肥だめに排泄した糞尿（人糞）を利用しました。人糞を運ぶ桶が肥タンゴで，運ぶとき跳ねないように苦労したものです。肥料として使う人糞には回虫などの寄生虫がいて野菜に付着するため，野菜を生で食べることがはばかられました。また，菜種油の絞りかすや魚粉，骨粉も金肥といわれていました。

里山で採る落ち葉は重要な肥料でした。松葉はタバコ栽培には欠かせず，重富海岸や帖佐海岸などにあるクロマツ林では松葉掻きがしばしば行われました。その結果，松林の林床は貧栄養で乾燥してショウロなどが発生し，庶民はショウロ採りを楽しむことができました。

内陸部の岩が多いところにはアカマツが生え，これも落ち葉掻きを行っていたため土地は貧栄養で乾燥していましたが，結果としてマツタケが生えるところもありました。マツタケ狩りは秋の楽しみでした。

マツ以外の植物の葉も肥料になりました。落ち葉が大量に出る季節は，照葉樹林帯の里山では秋ではなく春，5～6月頃です。竹かごにいっぱい集めた落ち葉を，地面を掘り下げた穴（ホイッツボ，ツブキと呼んだ）に蓄えて肥料を作りました。

田畑の土に直接鋤き込む植物としてマメ科植物のネムノキやクズ，奄美ではソテツの生葉も利用されました。夕方近くになると葉が閉じるネムノキは堆肥としてだけでなく，時を知らせる

落ち葉掻き　＊5

ショウロ

木として，また農作業時に日陰をつくってくれる木として重宝されました。

緑肥としては，江戸の初期に中国から導入したと伝えられるレンゲが，始良平野内で広く栽培されました。花が咲く時季には養蜂家も訪れ，レンゲ蜜を作りました。種子もよく実り，種を取らなくても翌年は再び芽生えます。稲作のスケジュールからいっても，米の収穫後に芽生え，春に花が咲き梅雨前に結実するレンゲは，現在のような早期作でなく，入梅前に田植えする普通作には適していました。

ルーピンとも呼ばれるルピナスも直接土に鋤き込む緑肥として，明治初期の頃，主に畑に導入されました。こちらは春先に，黄色い房状の花穂から甘いにおいが立ちこめました。ただ，いずれも安価な肥料が導入されると栽培は少なくなりました。

肥料を里山に頼らず金肥に頼るようになった今，里山に人は近づかなくなりました。その結果，マツタケやショウロなどは採れなくなりました。それ以上に，里山は湿潤になり色々な植物が生えるようになりました。里山の植物が豊かになると，雨が降っても表土は流れにくくなります。こうして陸からの供給が少なくなり，これが海岸の砂が減ってしまう一因にもなっているようです。

ネムノキ

タバコ

レンゲ

ソテツの葉を鋤き込んだ畑

ルピナス

# 衣料となった植物

鹿児島の夏，とくに梅雨明けはねっとりと蒸し暑く，寝苦しい日が続きます。

近頃は小さな窓で外気を断ち，空調が効いた住宅づくりが主流ですが，それでも屋外に出ると暑いので，速乾性の下着を着て少しでも快適に過ごそうとします。

昔はどうしていたのでしょうか。南北600kmある鹿児島は台風の常襲地帯といわれ，かつては台風対策をおろそかにはできませんでした。また，平均気温が高くシロアリの繁殖には好適で家屋への被害も多かったため，適切な薬剤が開発されていない時代は対策に躍起になっていました。

住宅は床を高くし，内部は田の字構造で，通気性をよくするため大きな家はありません。床を高くすると空間が生まれます。そこには燃料の薪を保管したり，濡れては困るものを収納したりもしました。

シロアリ対策としては，裕福な家ではシロアリがつきにくいイヌマキを柱材に使いました。イヌマキの植林や防風林が見られるのはそういう理由もあるのです。

屋根は台風の風雨が吹き込まないように低く造りました。人口が増加し物資も不足した戦後は，屋根を葺くススキや瓦の調達もままならず，鉄板に亜鉛をメッキしたトタン屋根が流行しました。トタン屋根は雨が降ればうるさく，日中は太陽からの放射熱が室内にこもって暑かったですが，夜は熱が放散されて意外と快適でした。また，強い風が減じられるように，石垣や防風林で家を囲いました。

これらはみな，質実剛健を善しとする鹿児島人の知恵であり，文化でもありました。でも，台風の襲来が滅多になく，冬は寒くて重厚な家造りが望まれた本州から来た人々には，おそらく貧乏な暮らしと映ったことでしょう。

まわりを防風林で囲まれた古市家住宅．
屋根が低く，床が高くなっている．
種子島中種子町（国の重要文化財）

リュウキュウバショウ

食用バナナと種子のあるリュウキュウバショウ

芭蕉布の着物　＊6

バショウの繊維

龍郷町にあるバシャヤマ

さて，そんな鹿児島人が身に着ける衣料はどうだったのでしょうか。

鹿児島と聞けば大島紬が有名ですが，かつて庶民が着た衣料には注目すべきものがありました。他の地域と同様に木綿が一番多く使われましたが，そのほかに用いられたのが芭蕉布，ビータナシ，葛布などです。

芭蕉布はリュウキュウバショウ，別名リュウキュウイトバショウが原料です。バショウは木だと思っている方も多いかもしれませんが，木ではなく草。長い葉が地表部から，中心部をくるむように丸まって規則正しく出ています。

葉は一般に，主に光合成をする葉身と，付け根である葉柄部分に分かれます。バショウの幹や茎のように見える部分は偽茎と呼ばれ，葉柄にあたります。芭蕉布に利用される繊維は，この偽茎から採ります。

芭蕉布を作るには，まず芭蕉を切り倒して偽茎を剝ぎます。中心部に近いほど柔軟で，品質の良い布ができます。剝いだ偽茎は灰汁で，柔らかくなるまで煮ます。それを梳（す）いて繊維を取りだし，つなぎ，糸を作って布にしていくのですが，これには技術と熟練が必要です。（芭蕉布の製法については，名越佐源太（なごやさげんた）が著した「南島雑話」に，図解入りで詳細に出ています）

芭蕉布で着物を一枚作るには，たくさんの芭蕉が必要でした。山の少ないところでは畑の隅に芭蕉を植え，数年がかりで着物を作ったと伝えられています。一方，龍郷町の安木屋場（あんきやば）で見るように，‘バシャヤマ’と呼ばれるような広い芭蕉山もあります。

芭蕉布は琉球，奄美で重宝され，山の多い奄美大島や沖縄県のやんばるが良質なバショウが採れるところとして有名だったといわれます。

ただ，もしあなたが女性で，奄美に行って「バシャヤマ」と言われることがあったら怒ってください。それは，「バショウ山を持参金につけなければ嫁に行けない不器量な人」という隠語だそうです。おそらくは，多くの人が薩摩藩の黒糖政策で苦しい生活を強いられているなか，バショウ栽培で儲かっている人を妬んで発した言葉だったのではないでしょうか。

さてこの芭蕉布ですが，「南島雑話」では奄美大島以南で作られていると書かれています。でもリュウキュウバショウは，南大隅町佐多，種子島，屋久島でも栽培されています。奄美から原料を運ぶには遠すぎることや，かつて種子島や屋久島の郷土館でも芭蕉布が保管されていたことから考えれば，これらの地域でも芭蕉布が製造されていたかもしれません。屋久島では現在も宮之浦港近くの水田畔跡に生え，種子島では東シナ海側の深川から牧川付近の耕作地の畔や周辺に広がって，農作物の防風垣となっています。

ちなみに食用のバナナに種子はできませんが，リュウキュウバショウは野生種で果肉は少なく，種子が多くて食べてもおいしくありません。でも偽茎の中心部は柔らかくて味噌汁の具によく，サラダの材料にもなるそうです。

次はビータナシ（ビーダナシとも）です。甑島で作られていた衣料で，サキシマフヨウの樹皮の繊維で紡いだもの。ビーとは，甑島でビーノキと呼ばれるサキシマフヨウの樹皮，タナシは袂無しの意で作業着のことです。草ではなく樹皮から作る衣料は，世界でも極めてまれだといわれています。

5月頃に，サキシマフヨウの樹皮を剥いで10日ほど水に漬け，外皮等の付着物を取り除いて繊維を取り出します。その繊維をつないで撚りをかけ，糸を作ります。この工程も熟練した技術が必要で根気の要る作業です。

ビータナシは丈夫で作業着に最適だったのですが，明治以降は生活様式が変化し，長い間製作が途絶えていました。近年，地元の方々の努力によって復活が試みられています。

サキシマフヨウ

サキシマフヨウはアオイ科の植物で，ムクゲやハマボウなどと同じハイビスカスの仲間です。1日花で，開花時は白かった花びらが夕方になるとしぼみ，翌日にはやや濃いピンク色に変わります。主に災害や工事等で自然の攪乱が起こったところに生える成長の早い落葉樹です。この花が咲いているところは，近年自然破壊があった場所ということになります。また，分布が南西諸島と東シナ海側の甑島で，九州島の太平洋側に見られないのはおもし

サキシマフヨウ.
夕方には赤みを帯びる

オオハマボウ.
開花1日後の姿

ハイビスカス

ムクゲ

悪石島のボゼ神　＊7

ビロウ群落．十島村平島

ろいことです。

クズタナシはマメ科のクズを使った衣料です。クズは実物を見れば「ああ，あれか」というほど身近な植物。林縁で他の樹木に絡んで10m以上に伸び，林を覆うことがあります。茎は強靱で色々なものを括ったり，綱引きの綱に使われたりします。（2章「森を守るクズ」参照）

葛布はクズの茎を煮て水に晒し，発酵させて繊維を取りだし，これを紡いで糸にして布に織ります。

クズの分布は広く，葛布は日本各地で作られ，古代では庶民の衣服として利用されたといわれます。しかし今日では，静岡県掛川市周辺で作られるものが，襖張りや壁張り，表装や装本用に用いられるのみとなりました。

甑島の下甑郷土館には，ビーで作った「芙蓉女物紋付単衣長着」や，クズで作った「葛男物紋付単衣長着」など植物繊維衣料10点が保存されています。これらは甑島の伝統的な紡織習俗により製作された衣類で，形様，製作技法，用法等が典型的で，地域の生活文化の特色を示しているということで，「甑島の植物繊維衣料」として県の有形民俗文化財に指定されています。

さて，十島村の悪石島にボゼという奇怪な面をかぶった神様がいます。祭りの日に集まってきた人々を，ボゼがマラ棒でたたいて悪霊を追い払うという行事です。このボゼを含め，三島村硫黄島のメンドンや甑島のトシドンなど国内の10行事が，平成30年（2018年）11月に「来訪神：仮面・仮装の神々」としてユネスコの無形文化遺産に登録されました。

ボゼの衣装はビロウ。ビロウはトカラ列島以南では神聖な植物で，この植物があるところにしばしば神社や御嶽があります。広い葉で仮面の中に入った人を被い，その人は神として行動するのです。激しく動いても破れることなく，先端が垂れてそよぐため独特の雰囲気を醸し出します。

このように先人は身の回りにある植物の特性に着目し，日々の生活や時には行事にも採りいれ，身にまとうものまで作ってきました。ところが，ものを大事にするスロー生活から，大量生産，大量消費へと経済や生活様式が大きく変化した現在，そんな秘術や伝統は不要なものとなりました。

でもこれら先人の知恵が長く生き続け，伝えられることが望まれます。

# 南島雑話にみる奄美の暮らし

「南島雑話」は，幕末の薩摩藩士，名越佐源太が著した奄美大島の地誌の総称です。原本はすでになく，多くつくられた写本のうちの複数が今も残っています。

本書でも取り上げたソテツの毒抜き，芭蕉布の製法などのほか，奄美の自然や習俗などが，彩色された図とともに詳細に記録されています。

その中からごく一部を紹介します。

サツマイモ畑の畔に植えられたソテツ

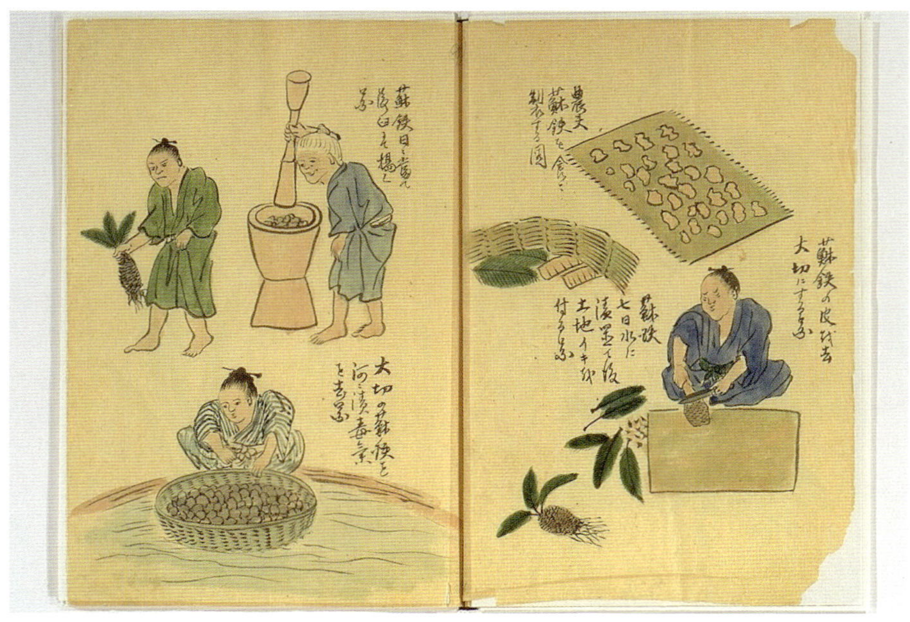

「大切な蘇鉄」から毒を抜いて食料にする

カンヒザクラとテッポウユリ

木の実を食う「シマヒヨス」（アマミヒヨドリ）

内海（奄美市）で見つかり食べられたワニ．「海老の味に似たり」とある

資料は，鹿児島大学附属図書館より借用しました。

# 人とソテツ

奄美大島の龍郷町安木屋場（あんきやば）には，山一つソテツで覆われた場所があります。奄美ではかつて，集落の外れの山や急な斜面にしばしばソテツが植えられました。これには藩政時代にさかのぼる，ある歴史的な事情が関係しています。

薩摩藩は逼迫した財政を立て直す手立ての一つとして，奄美大島の島民にサトウキビを作らせました。なるべく多く収穫できるよう平地のほぼ全域をサトウキビ畑にして，作られた黒糖のすべてを藩に納めさせます。島民は仕方なく,表土のある斜面を段畑にして,自分たちの主食であるトンやハンスと呼ばれるサツマイモを作りました。さらに，表土の少ないがらがらの斜面にはソテツを植え，その実で命をつないできました。ソテツをお粥にしたり，味噌などにして食べたのです。いわゆる‘黒糖地獄’といわれる頃です。薩摩藩の明治維新における華々しい活躍の裏に，ソテツに支えられた奄美や沖縄の農民の生活があったのです。

ソテツからは大量の澱粉を採ることができます。種子だけでなく幹からも採れます。ただ，ソテツは全草に，動物に中毒を起こさせるサイカシンという物質を含んでいます。牛が食べると腰が立たないような症状を引き起こしたり，人には幻覚を起こさせたり，がんを誘発したりもする怖い物質です。

島民はこの怖い物質を含むソテツを無毒化する技術を持っていました。幕末の頃，‘お由羅騒動’で奄美に遠島になった薩摩藩士，名越佐源太（なごやさげんた）が著し

安木屋場にあるソテツの植栽地

た「南島雑話」には，ソテツの幹や種子から毒を抜くための処理法が，絵入りで詳しく描かれています。奄美ではソテツのおかげで，飢饉の時にも一人の餓死者も出なかったと伝えられています。

ソテツは食べるだけでなく，様々に利用されました。畑の土が流れるのを防ぐ土留めとして，また防風垣として，畔に列状に植えました。葉は窒素分を含むため，緑肥として田や畑に鋤き込まれました。葉の先端の尖った部分が足に刺さり，破傷風を負った人も多かったと伝えられています。また，葉はカイコを飼うときの繭立てにも利用されました。さらには子どもの遊びとして，虫かごやネックレスも作りました。

今，奄美の集落周辺の傾斜地を歩くと，木々の間にやせ細ったソテツが並んでいる姿を見ることがあります。かつて人々が耕した畑の跡です。上部を木々に覆われ暗くなった森の中で，当時の人々の生活を伝えるかのように，今もソテツは生きています。

特別天然記念物指定地．指宿市竹山

ソテツの雄株

雌株

種子　＊8

デンプンを多量に含む幹とその断面

ソテツの葉で作った虫かご

# 生きた化石ソテツ

ソテツを漢字で書くと蘇鉄。鉄でよみがえる植物です。昔は蘇鉄が元気がないとき，錆びた鉄釘を刺して元気をつけたものでした。

自然状態でのソテツの生育地は，海岸部の風の強いところです。国の特別天然記念物に「鹿児島県のソテツ自生地」,「都井岬のソテツ自生地」(宮崎県)が指定されています。鹿児島県内の指定地は，南さつま市坊津町秋目，指宿市山川町の長崎鼻と竹山，南大隅町佐多岬，肝付町火崎で，坊津町秋目を除き，いずれも海岸直近の断崖地です。

ソテツは生きた化石といわれるほど，ごく古い時代にその祖先が誕生した裸子植物です。中生代に誕生し，のちに石炭になるほど繁栄しました。その後，裸子植物のマツや被子植物のタブノキなどが誕生します。彼らは年間に数十㎝から 1m ほど伸びるのに，強い光がないと生きていけないソテツは年に数㎝しか成長できません。そのため成育場所を追われ，絶滅寸前になりました。でも，海岸の断崖地に生えることで生きながらえてきました。

海岸の断崖地は遮るものがなく，台風や季節風などの強い風を受けるため，樹木は身を寄せ合って生きています。「出る杭は打たれる」の故事どおり，高く伸びる木は強風でへし折られますが，低木で成長が遅い植物は，そんな場所でも生きていけるのです。

断崖地はまた，乾燥しやすく表土の堆積も少なく，養分が不足する場所で

肝付町火崎のソテツ自生地

す。ソテツは，葉が針状になっていくつにも分かれ表面にワックスの層があることで風の抵抗が少なく，水分の蒸発も防ぎます。根を掘ってみるとサンゴのように太く，ぐしゃぐしゃした形で，顕微鏡で覗くと数珠状につながった細胞が見えます。シアノバクテリアと共生しているのです。このシアノバクテリアが空気から窒素肥料を作ってくれるため，養分が少ないところでもいきいきとしているのです。

でも，中生代からの生き残りであるとすると疑問がわきます。「鹿児島県のソテツ自生地」の指定地は，約7400年前の鬼界カルデラの爆発によって火砕流を受けた場所のはずです。どうして生き残ったのでしょうか。それは指定地が断崖であることで説明は可能です。火砕流は断崖には堆積せず，そのまま海へ落ちるため被害を免れたものと考えられます。

では，このソテツ，どうやって分布を広げるのでしょうか。

ソテツの種子は直径が3㎝前後と大きくて，種子としてはとても重いものです。木から落ちて広がる以外に成育地を広げる方法があるのでしょうか。以前，私が勤めていた鹿児島県立博物館の別館の屋上には，点々と赤いソテツの果実が散乱していました。道路から20m近く離れていますし，一般の人が入れる場所でもありません。

じつはこの屋上には，しばしばハシブトガラスが休んでいます。おそらくは好奇心の強いカラスが，赤いソテツの果実を食べてみようとここまで運んできたのでしょう。落ちて転ぶ重力分

坊津町秋目の断崖に生えるソテツ

耕作地境に植えられたソテツ

サンゴのようなソテツの根

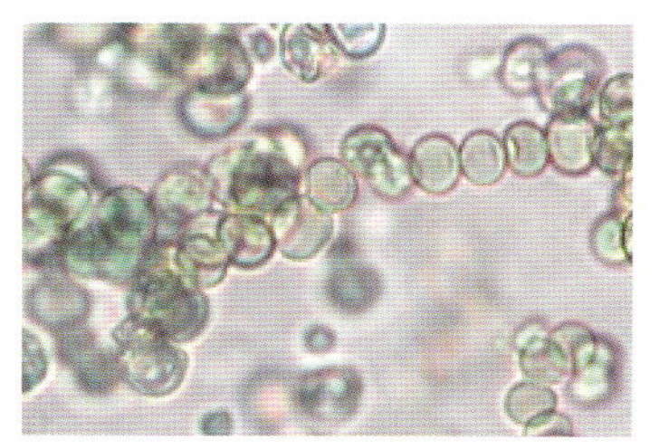
根の中に共生するシアノバクテリア

散のほかに，カラスのいたずら分散もあるのかもしれませんね。

さて，ソテツはなぜ「生きた化石」と呼ばれるのでしょうか。

古い時代に祖先が生まれ今も生きている種であれば，そんなに呼ばれる権利があるのでしょうか。もしそうなら，ソテツより古い時代に祖先が生まれたコケ植物やシダ植物も同じように呼ばれる権利を持っているはずです。

生きた化石とは，地質時代に生きていた祖先種の性質を残し，地質時代につくられた化石と同じ姿を現在まで残している生物種をいうことが多いのです。動物ではシーラカンスやカモノハシなど，植物では，イチョウやメタセコイアなどです。

ソテツやイチョウがなぜ生きた化石を呼ばれるかというと，化石種とよく似ていることと，花を咲かせて種子をつくる植物（裸子植物や被子植物などの種子植物）の中で精子を持つという，とても珍しい生活があるからです。

植物が精子を持っていると聞くと，多くの人は不思議に思うかもしれませんが，じつは植物の中で精子を持つものは多いのです。

有性生殖（2つの生殖細胞が合体して新しい生命体をつくる）する植物では，栄養を蓄えた卵のもとへ，運動するための毛を持った精子が移動して合体（受精）することが必要です。

ワカメなど水中の植物なら，精子は水の中を泳いでいきますが，陸上では乾燥しているので大変です。そこで，シダ植物やコケ植物は胞子をつくって湿ったところで生活し，雨水がたまった頃に受精するのです。

では，種子植物はどうでしょうか。

種子植物の多くは，花粉をつくって乾燥に耐え，めしべの先端についたら，花粉が芽を出して精核をつくりめしべの中に入りこんで２つの細胞（めしべの中にあった卵細胞と精核）が合体します。精核には運動する毛はなく，これは精子ではありません。

もし種子植物の中に精子をつくる植物が見つかれば，種子植物は精子をつくる植物群から生まれたことの証明になるでしょう。

明治20年代，世界の先進的な生物学の関心の一つが，この「精子を持つ種子植物」の発見だったのです。ソテツは，シダ植物とマツやスギなどの種子植物の一つである球果類との中間であるということが以前よりいわれてお

（左）平瀬作五郎のイチョウと，（右）Webberのソテツ（ザミア）の精子スケッチ　＊9

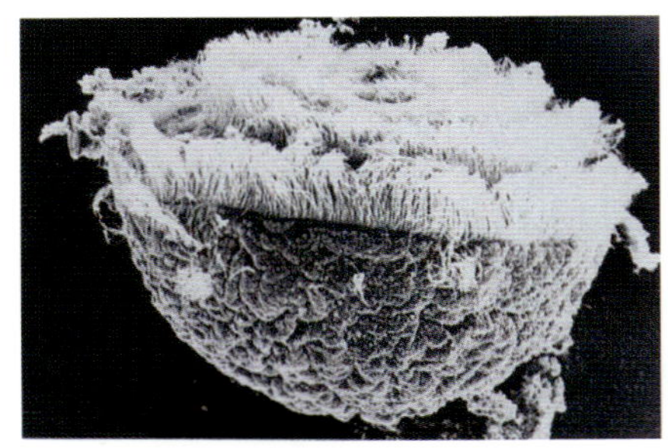

ソテツの精子の電子顕微鏡写真　＊10

り，その候補に挙がっていました。

それを最初に発見したのは，近代的な学校教育制度が発足して間もない頃の日本人の研究でした。東京大学の池野成一郎博士です。

明治29年（1896年），池野が指導している研究室の画工であった平瀬作五郎が東大の小石川植物園のイチョウから精子を発見し，池野はそれを弟子の平瀬の発見として発表しました。また同年，池野自身が鹿児島の旧興業館前のソテツから精子を発見したのです。池野研究室による世界に誇る大発見でした。

このイチョウ，ソテツの精子発見は，発表されてもしばらくは，世界の学会は疑いの目を持っていました。翌1897年になってアメリカのウェッバー（H.R. Webber）がソテツに近縁のザミア（*Zamia floridana*）で精子を確認してから，やっと広く信じられるようになりました。

小石川植物園にある精子発見のソテツ

東京にある小石川植物園には，精子発見のイチョウや，ニュートンが重力を発見した時に使われたリンゴの木などとともに，精子を発見した時に使われたソテツが植えられています。そこの看板には，「このソテツは池野誠一郎が研究に用いた鹿児島市内に現存する株の分株で，鹿児島県立博物館のご厚意によって分譲されたものである。」との記述があります。

精子が発見されたソテツ．県立博物館考古資料館前

# 人の暮らしがつくった里山

兎追いし　かの山
小鮒釣りし　かの川

私たちに故郷を，日本の自然の原風景を思い起こさせようとするとき，この歌がしばしば使われます。ここに描かれているのは，のどかな草原があり，たゆたう川の流れがある里山の自然です。

鹿児島の里山は一体どんな風景だったのでしょうか。

人が暮らす集落や耕作地のあるところを里地，それを取り囲むようにしてあるのが里山です。鹿児島の里山はその機能から，大きく６つの空間に分類することができます。

薪(たきぎ)を採り肥料としての落ち葉を掻く，里に近いところにある薪山。炭を焼く炭焼き山。生活具材の竹や筍を採る竹山。屋根葺きの素材や緑肥，飼料をとる立野（茅野）。スギやヒノキ，イヌマキ，クスノキなどの有用樹を育てる立山。そして，集落を風水害から守るように手つかずの空間として残されてきた神山・鎮守の森です。

薪山は日常使う薪を採るため，絶えず伐採をします。すると脇芽が出て，10年もすると同じぐらいの太さの木からなる森（萌芽林）になります。さらに放置すると，根際からいくつも広がった木が多い二次林になります。

伐採が頻繁に起こるところは成長の早い落葉樹が多く，マメ科のネムノキ，クズなど緑肥となる植物もたくさん生えます。また，シイ・カシ林の落葉は堆肥用に落ち葉掻きが行われました。

炭焼き山は里地から少し離れたところにある，火力の強いアラカシやマテバシイ，スダジイが主体の山です。タブノキやヤブニッケイなどの常緑樹，アカメガシワやネムノキ，カラスザンショウなどの落葉樹は成長が早く，伐採後すぐ森をつくってくれるのですが，火力が弱く，良い炭にはなりません。土地利用の観点からも，炭は軽くて運びやすいため，多少遠くてもよかったのです。鹿児島に里地から離れてマテバシイの純林が多いのは，良質の炭を採るため，ドングリを蒔いて森をつくった結果といわれています。

竹は中空で軽く再生も早いため，人里のすぐ近くに植えられ，竹山は身近でした。鹿児島では春から冬まで筍が採れるほどに様々な竹を植え，籠やザル，箸などの生活具のほか，垣根や櫓，漆喰壁の補強材など幅広い用途に利用したので，一定面積の竹林がどの集落にもありました。

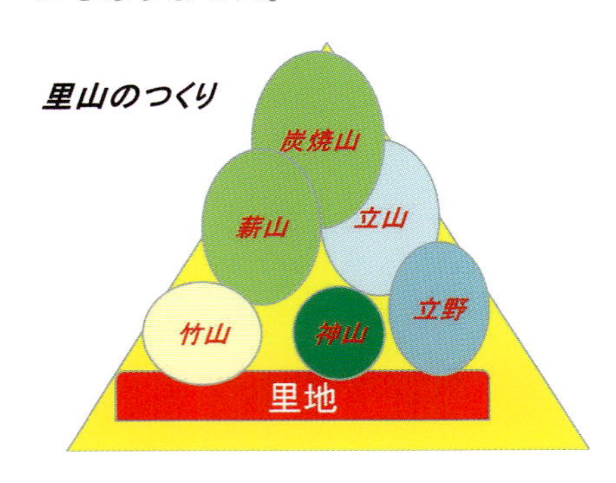

姶良市漆地区の里山風景

甑島の段畑

炭焼き用の材を切りだす　＊5

炭焼きのようす　＊5

立野は茅葺き屋根の材料や，牛馬豚飼育の敷きわら等になるチガヤやススキ，カルカヤ，トキワススキを作るための草原で，耕作に向かない貧栄養の斜面が利用されました。良質なカヤを採るために集落で管理し，定期的に火入れ等も行われました。

立山は建築用のスギやヒノキ，マツを生産する場所です。藩の御用林もありました。薩摩藩の財政を支えた樟脳を採るクスノキ林や，藩からのお触れによって蝋燭の蝋を採るハゼノキも，ハゼ負け（ハゼによるかぶれ）を気にしながらも植えていました。

神山は立ち入ることが拒まれ，木を切ることはもちろん，木の葉１枚持ち帰ることも汚れを起こすとして許されない，神聖な区域とされました。もちろん，排尿や排便はもってのほかの禁忌でした。そういった場所は，じつは水源地であったり崩落しやすい急峻地であったり，あるいは貴重な生きものの生息地となっているような，特別な場所でした。

このように，神山を含め生活のために人の手によって変えられた里周辺の自然，空間が里山なのです。

一方，耕作地は集落から離れた傾斜地まで，水田であれば棚田に，畑であれば段畑として利用しました。とくに終戦後，海外に進出していた人たちが次々に帰ってくると日本の人口は膨れ上がり，昭和20年代までは食糧のある農村部に集中しました。それを養うために山深くまで耕作地を広げ，まさしく「耕して天に至る」光景が日本全国にありました。

この頃までの里山は人がしばしば入るものですから，蔓植物なども切られて通りやすく，枯れ木もすぐに拾われ，すっきりと風通しがよく乾燥した山でした。乾燥しているのでマツも成長がよくマツタケも採れました。エビヅルやアケビなども目につき，草原もあって山菜も多く，資源の豊かさを認識できる空間でした。人口が多く，貧しく空腹の時代でしたので，里山で採った野イチゴやグミ，ムベなどは量が少なくてもありがたく貴重でした。

また，当時は上・下水道施設が完備されておらず，湧水や河川水を水路に引き込んでいました。スイカを冷やしたり野菜を洗ったり，水はできるだけ大事に汚さずに使うものでした。合成洗剤や除草剤，農薬などもほとんど使わず，水路にいるエビやカニ，ウナギを捕まえ，梅雨期前にはホタルが舞う幻想的な風景に酔うものでした。

多くのひこばえを出し，炭の原料となったマテバシイ

マダケ

クヌギの林と堅果

ハゼノキ

コナラの林と堅果

大和村大和浜の神山.
中央部はオキナワウラジロガシの巨木林

十島村平島の神山．ビロウとタブノキの巨木林

４月，落葉期のクスノキ林．姶良市白銀坂

紅葉するコナラ－クヌギ林．霧島市牧園町

# 変わってきた里山の自然

ところが昭和30年代になり，高度経済成長に伴って労働力が地方から都市に吸収されると，生産性の低い段々畑や，耕耘機や田植え機の入らない棚田は耕作されなくなりました。その代わりに人々は数十年後の子孫に役立つようにと，棚田や段々畑とその周辺の斜面にスギやヒノキ，時にはクヌギを植林しました。さらに米の減反政策で棚田は減少し，放棄地やスギ林に変わっていきました。

植林されず放棄された棚田は時間とともに乾燥化し，やがてススキの草地，成長の早いアカメガシワやネムノキなどの落葉広葉樹林，タブノキ林などの照葉樹林に変わっていきます。段々畑は放棄される以前から，既にシイやアラカシなどの照葉樹の苗が畦に準備されており，シイ林などの照葉樹林に移り変わるのにそれほど時間はかかりませんでした。

里地の生活様式も変わりました。燃料の薪はプロパンガスや都市ガス，炭は石油ストーブやエアコンとなり，緑肥は化学肥料に，使役家畜，運搬具としての牛馬は耕耘機，自動車へと急激に変わりました。薪山も炭焼き山も，牛馬飼育も不要になったのです。

立野の草原は激減しました。草刈りや火入れは行われず，周辺から侵入した種子によって低木林，高木林になり，今ではその痕跡を捜すのさえ難しくなりました。あの頃，普通にあったオミナエシやリンドウ，ヒヨドリバナ，セ

幸田の棚田．湧水町

ンブリなどは少なくなり，キンバイザサやオキナグサなど，多くが絶滅危惧種になってしまいました。

竹山は大変なことになっています。筍は栄養がないとか調理が面倒だとの理由であまり食べられなくなり，ザルなどの生活具の材料だった稈の部分も石油化学製品が登場したために使われなくなって，竹は伐採されることが少なくなりました。その結果，近年は竹林が拡大し，とくに高さが20m近くに成長するモウソウチクやマダケは爆発的に広がっています。

1914年当時の屋久島宮之浦．集落の周辺に段畑，その上には薪山がみえる．E.H. ウィルソン撮影



立山も戦争によって荒廃し，復興のために伐採されました。その後の植林はスギ，ヒノキ，サワラ等へ樹種転換が図られました。かつて薩摩藩や鹿児島県の林業を支えたクスノキは，樟脳が安価に合成されるようになって専売品から外れると，植林されることは少なくなりました。

また，それまで針葉樹からしか採れなかったパルプが広葉樹からも採れるようになると，林道が開発され，奥山とともに薪山，炭焼き山の大皆伐が進みました。その後はスギ，ヒノキ，サワラ等への樹種転換が進み，山のほとんどがスギ林というところも珍しくなくなりました。

ところが，スギやヒノキの木材を生産するには，間伐や枝打ちなど息の長い管理が必要です。そのスギ林も，外国産材の輸入による長期的な木材価格の低迷と，管理に要する人件費等の高騰や人手不足から放置されてしまいます。建築材にも不適なうえに林床に光が入らず，下草もほとんどない森にな

荒れたモウソウチク林

スギ林に侵入したマダケ

ったところもあります。

里山は別な表現をすると，人が自然を侵略し，その後，折り合いをつけてきた場所です。イノシシやシカ，サル，アナグマ，ノウサギなどと，押し合いへし合いしながら調整してきた場所なのです。ですから人が利用しなくなると次第に彼らの力が強くなり，里地にも進出し，獣害が深刻になってきました。森の中でも，シカの口が伸びる林床にはほとんど植物を見ることができません。あっても，シカの食べないユズリハやマムシグサなどしか生えていない，そんな森が多くなりました。

かつての薪山でスギの植林もされず放置されたところでは，シイやカシが大きくなり，鳥や獣，あるいは風が運んできた植物が増え，自然林に近い二次林になったところもあります。蔓植物が増え，林の縁にはびこり，森の木々に巻きついて苦しそうに見えることもあります。かつて蔓植物は有用で，縛ったり編んだりする紐として使われていましたが，こちらも石油化学製品に取って代わられたためです。

今，薪山は野放し状態。林縁の蔓植物の増加や人が入らなくなった結果，森は湿潤になり，落ち葉もたまって養分が豊かになりました。すると，これまで見ることの少なかったマヤランやカンランなど，希少なラン科植物が発見されることがあります。

また，神聖な神山はますます人が入らなくなり，さらに原生の森に近づいてきています。

このように，かつての里山は人間社

激減したオミナエシ

リンドウ

センブリ

ヒヨドリバナとオオウラギンヒョウモン

会の影響を受け大きく変化しました。これからは地方でも人が少なくなり，現在の傾向がさらに進行していくものと思われます。

天然記念物候補の生育環境調査などで，周辺の森の調査を行うことがあります。地域の自然を代表するような大きなシイや，タブノキ，カシ等の林の多くは，その区域に暮らす人々の思いで残した神山です。人が入らなくなって，さらに豊かになった森に心が躍りますが，でもその近くで，崩れた石垣や痩せ細ったソテツが見つかることがあります。ここは，先祖が血の汗を流した段々畑の跡なのでしょうか。里山の森は以前にも増して植物でにぎわっているのに。と，しばし感慨にふけります。

かつての段畑が林になり衰退してしまったソテツ

イノシシのぬた場となった水田

ヒノキ林の林床のユズリハ

石組みだけが残る炭焼き窯．三島村黒島

シカも食べないマムシグサ

回復しつつあるエビネ

# 広がるモウソウチク林

「デメ，コサン，カラ，モソ」って聞いたことありますか。鹿児島に伝わる，タケノコのおいしい順番です。鹿児島は日本でいちばん竹林面積が多いところで，たくさんの種類の竹を栽培してきました。

デメは大名竹でカンザンチクのこと，コサンは五三竹でホテイチクのこと，カラは唐竹でマダケのこと，モソは孟宗竹です。そのほかに，夏にはチンチクあるいはキンチクと呼ばれるホウライチクを，冬にはカンチクや，カッタケまたはシカッダケと呼ぶシホウチクを食べてきました。

竹はタケノコを食用にするだけでなく，材質が軽くふんだんに取れるので，いろいろなものに使われました。一般的にはザルやカゴ，漆喰壁の補強材など生活に密着した利用でした。特殊なところでは，ホウライチクが火縄銃の火縄や，広がらない性質を生かして山の境界標に，また深く根を張ることから土砂崩れを防止する砂防用材にも使われました。マダケは，エジソンが電球を発明したとき，フィラメントに使ったことでも知られています。またモウソウチクは，漁業では筏や生け簀に，農業では収穫したイネを干す稲掛けに，正月の祭りでは鬼火焚きの櫓など，竹は思いもよらぬところまで広く利用されました。

このモウソウチクは，日本では鹿児島から広がったといわれています。モウソウチクが最初に栽培されたのは鹿児島市磯にある仙巌園で，1736年のことでした。その場所は今も江南竹林として保存され，「江南竹林の碑」が立っています。

碑文は漢文で，島津家21代当主の島津吉貴（浄国公）が，「琉球に江南竹（孟宗竹）のあることを聞き，日本にはまだないので植えたいと願って取

竹製品

モウソウチク

マダケ

江南竹林の碑

り寄せたが，２株しかもらえず，それを仙巌園の裏山に植えた。その後，この竹が繁殖し，藩内のみならず国内各地に移植した。そのタケノコがおいしくて万人に愛されている。この竹で利益を得るものは浄国公のおかげだから，その名をたたえよ」という内容が書かれています。なお，この碑文はあの五代友厚の父親が書いたといわれています。

モウソウチクの原産地は中国です。碑には琉球から送られたと書かれていますが，琉球はこのタケが生育するには暑く，土壌もアルカリ性の石灰岩地が多くて適さず，現にこれという成育地もありません。当時の薩摩藩としては，中国と直接取引をしたと書くわけにもいかず，琉球を隠れみのにしたのでしょう。中国から直接，鹿児島に来たことはまちがいないようです。

さて，このモウソウチクが今，日本の自然を大きく変えつつあります。モウソウチクはタケノコが地上に出て20 mの高さになるまで，地下茎から栄養をもらい，わずか２カ月で成長します。木だったら何年もかかるのに，すごい速さです。また，地下茎は年間に十数mも伸びて広がります。竹は木とのこすれにも強く，一方，樹木は竹との接触で傷つきます。このため周辺の森に侵入するとスギなどの樹木を枯らし，爆発的に増えるのです。かつては大事な食料だったタケノコも今ではあまり採られなくなり，生活道具にも利用されなくなった結果，竹林が広がってしまったのです。

ホウライチクの護岸

この竹を減らす方法として，竹炭や建築材，牛の飼料化，バイオマス原料への利用など，地域によって様々な取り組みが行われています。成果を上げているところもありますが，そのまま放置され，逆に増えているところがほとんどです。

人が地域からいなくなる，利用する人がいなくなっていることが最大の原因です。モウソウチクは外来植物で，もともと日本の自然に調和した植物ではありません。簡単ではありませんが，モウソウチクばかりの自然にならないよう対策が必要です。

モウソウチクの地下茎

伐採後に芽を出したモウソウチク

# 水田に生える雑草

水田は数十年あるいは数百年にわたって，安定してイネを作ることができる不思議な場所です。畑で同じ作物を長い年月作ると連作障害を起こし，生産量が著しく低下しますが，水田では同じ場所で耕作が行われても生産量は変わりません。また，水田には競争する雑草が少なく，養分の多くがイネの成長に使われます。

人が造成する前の水田はどんなところだったのでしょうか。

日本に稲作が伝わったのはいつの頃かというと，陸稲栽培の可能性を示すものとして，岡山の朝寝鼻（あさねばな）貝塚から，約6,000年前の植物の痕跡（プラント・オパール）が見つかっています。また岡山県南溝手遺跡からは，約3,500年前の籾の痕がついた土器が見つかっています。水田稲作に関しては，佐賀県唐津市の菜畑遺跡で約2,600年前の水田跡が発見されました。このことから，日本には少なくとも縄文時代晩期には水田の稲作栽培が伝わっていたことになります。

菜畑遺跡の水田は，平野部ではなく丘陵部の端にあります。平野部は，雨が降ると周辺から大量の水が押し寄せます。なので，水位をコントロールしやすい丘陵部が選ばれたのでしょう。時代が進み，弥生時代になって制水技術も向上すると，川や湧水地沿いの湿地が開拓され水田となったといわれています。

さて，水田に生える雑草はどこから来たのでしょうか。主なルートは3つあります。

収穫風景．掛け干しの下には，翌年春の水田雑草がすでに芽生えている

1つ目は，水田として造成された場所にもともと生えていた植物。すなわち川や湿地の植物です。川から来たのはヤナギタデやクサヨシ，ミゾソバなどで，湿地から入ったのはヨシやセリ，ガマ，ヒメガマ，チゴザサなどです。

2つ目は稲作とともに入ってきた植物たち。イネは，中国南部の雲南からラオス，タイ，ビルマ周辺に広がる山岳地帯で生まれたとされています。そこからイネと一緒に旅をして，多数の種が入ってきたと考えられています。水田や畔に生えるコナギ，ウリカワ，アギナシ，オモダカ，タカサブロウ，イヌタデ，ボントクタデ，クサネム，そしてイネ科のイヌビエなどです。

これらは，江戸時代以降から急に増えた外来植物とは区別して，‘史前帰化植物’と呼ばれます。イネに隠れて生え，イネより特別高くなることもなく，稲作の時季と外れることもありません。田植えとともに芽生え，刈り取りの頃には種子をつくり終える。そういう生活のリズムを持つ植物がほとんどです。

3つ目はその後，とくに江戸時代以降に外国から入って定着した外来植物

ヤナギタデ

クサヨシ

ミゾソバ

ガマ

ヨシ

で，アメリカアゼナ，キシュウスズメノヒエ，タチスズメノヒエ，セイタカアワダチソウといった帰化植物です。

では，もし，イネの耕作をやめたらどうなるのでしょうか。

水田は絶えず人の手が入って管理されてきた場です。イネを植え，他の植物がはびこらないように草取りをし，時には除草剤をまいてきました。それをやめてしまうと周辺から絶えず大量の種子が到達し，成長します。そのほとんどは，もともとあった川や湿地の植物で，とくに背が高くなるヨシやガマやオギ，そして樹木のヤナギなどです。水田はいずれ，ヨシなどが生える湿地や，ヤナギなどの低木林に変わっていくことでしょう。

また，一時的には外来植物の種子も大量に供給され，背の高くなるセイタカアワダチソウや，タチスズメノヒエなどが増えるでしょう。

それでは，史前帰化植物はどうでしょうか。これらは背も高くなく，稲作に乗じて生きてきた植物たちですので，おそらく自然の復元によって消えていくことでしょう。現に，都市部で

オギ

コナギ

オモダカ

タカサブロウ

キシュウスズメノヒエ

セイタカアワダチソウ

は埋め立てによって，地方でも耕作が放棄されて，水田は少なくなってしまいました。その結果，稲作とともに入ってきた植物たちは減少しています。

ところで，昔の水田は生きものが豊かだったけど，今の水田は少ないとよくいわれます。それはどうしてでしょうか。

理由の一つに，除草剤などの使用が多くなったことがあります。除草剤を使うと，イネ以外の植物の成長が抑えられます。また，エビやカニ，淡水貝などの小動物も除草剤に弱く，死滅することがあるので，それらを食べるヘビや鳥などの動物も減少していくといわれています。

それだけではありません。かつては水田の多くが，一年中水が張られている湿田でした。湿田は牟田と呼ばれ，今でも牟田のつく地名が至るところに残っています。鹿児島では，藺牟田（いむた），草牟田（そうむた），福岡には大牟田市があります。人名にも大牟田さんや中牟田さん，小牟田さん，西牟田さんもいます。

湿田は周年水が張られているため競争相手は少なく，特別な植物が生えます。ミズオオバコ，ミズユキノシタ，ミズスギナ，ミズネコノオ，ミズトラノオ，タガラシ，ミズタガラシなどです。これらは今，絶滅危惧植物に指定されていますが，それは牟田が減少しているせいです。

牟田は農作業を行おうにも，トラクターや耕耘機，コンバイン等を入れての作業がしにくく，肥料も効きにくいという欠点があります。そのため各地で，生産性を高めようと農地の構造改善が行われ，乾田化が進んでいきました。おかげで牟田は少なくなり，牟田に適した植物は成育場所を奪われたのです。

このように，水田をめぐる環境が大きく変わったことで，生態系も大きく変わってしまいました。

ミズオオバコ

ミズタガラシ

ミズユキノシタ

# 鹿児島の七草

小倉百人一首に，光孝天皇（830 ～ 887）の「君がため春の野に出でて若菜摘む我が衣手に雪は降りつつ」（「古今集」春 21）という歌があります。古くから日本では，年の初めに雪の間から芽を出した草を摘む「若菜摘み」という風習があり，これが七草の原点とされています。

一方中国では，六朝時代の「荊楚歳時記」の旧暦 1 月 7 日に，「七種菜羹」という 7 種類の野菜を入れた羹（あつもの，とろみのある汁物）を食べて無病を祈る習慣がある，との記載があります。七草粥の風習は，中国の「七種菜羹」が日本の「若菜摘み」文化，そして日本の植生と習合することで生まれたものと考えられています。

七草を食べる習慣は古くからあったようです。平安時代中期の法令集である「延喜式」には，餅がゆ（望がゆ）という名称で，宮中で食される「七種粥」が登場します。粥に入れたのは米・粟・黍（きび）・稗（ひえ）・みの・胡麻・小豆の 7 種の穀物で，これとは別に一般の役人には，米に小豆を入れただけの「御粥」が振る舞われていました。餅がゆの行事は毎年 1 月 15 日（小正月）に行われ，これを食すれば邪気を払えると考えられていました。その後，旧暦の正月（現在の 1 月～ 2 月初旬頃）に採れる野菜を入れるようになりましたが，その種類は諸説あり，また地方によっても異なっていました。

現在の 7 種は，1362 年頃に書かれた源氏物語の注釈書「河海抄（かかいしょう）」に出てくる七草が原点となっています。「せり　なずな　御形　はこべら　仏の座　すずな　すずしろ　これぞ七草」

ところで，古代の植物名と現在の植物名は異なる場合があります。

せりはセリ科のセリです。新芽が競

セリ

って（せって）出ることに由来します。川辺や田んぼ，その周辺の湿ったところに生え，初夏に白い小さな花がまとまって咲きます。

なずなはアブラナ科のナズナです。撫菜（なでな），あるいは愛ずる（めずる）菜からといわれます。畑や田んぼの畔など,やや乾いたところに生え，春に白い小さな花をつけますが，暖かいところでは年中花を咲かせます。

御形（ごぎょう，おぎょう）はキク科のハハコグサのことです。葉や茎の表面が毛羽立つ（ほおけ立つ）ため，ホオケグサともいわれ，それが転じてハハコグサになったとされます。畑や乾いた田んぼの畔などに生え，春に黄色の花が，茎の上の方にまとまって咲きます。

はこべらはナデシコ科のハコベです。名の由来は不明で，畑や田んぼの畔など,やや湿ったところに生えます。2月から10月に白い小さな花を咲かせます。

仏の座はキク科のコオニタビラコです。小型のオニタビラコ（鬼田平子）という意味で，田に葉が張りついている様子が名の由来といわれています。

ナズナ

田んぼやその周辺の湿ったところなどに生え，春の頃に黄色の花を咲かせます。現在ホトケノザといわれる植物はサンガイグサ（三階草）とも呼ばれ，有史前にヨーロッパ方面からやってきた帰化植物ともいわれます。

すずなはアブラナ科のカブだといわれています。清浄な野菜の意です。

すずしろはアブラナ科のダイコン。清らかで白いもの。これも野菜です。

「野に出でて若菜摘む」には，どうもスズナ，スズシロはしっくりきませんね。そこで，鹿児島の野生種では何が当てはまるか考えてみました。

スズナはキク科のヨメナではないでしょうか。ヨメナは「嫁に食わすな」といわれるぐらい若芽が美味です。畑

ハハコグサ

ハコベ

や田んぼの畔，道ばたなどに普通に見られ，8月～10月の頃まで薄い紫色の花を咲かせます。

スズシロはユリ科のノビルでしょうか。ノビルは野に生えるヒル（蒜）の意味。ヒルはネギやニンニクなどの総称で，食べたらひりひりするからといわれます。畑や田んぼの畔などに生え，花は初夏の頃です。

こうしてみると春の七草のうち，セリ，ホトケノザ，スズナ，スズシロが水田雑草，ナズナ，ゴギョウ，ハコベラは畑地雑草と考えられ，どれも身近な植物種だったことが分かります。

ところで鹿児島では，この日に七種（草）ずしをつくる地域が多数ありました。薩摩藩では，数え年15歳以上は二才（ニセ）と呼ばれて一人前に扱われ，7歳以上は半人前として子ども組に入りました。1月7日の朝，7歳になった子どもは親族やご近所の七所を回って挨拶し，各家庭の七種ずしをお重に分けてもらうのです。‘七とこずし’とも呼ばれていました。

七種ずしは七草粥とは異なり，餅がが入ったペースト状の半粥です。セリは欠かせず，ノビルもしばしば具としました。ほかに正月料理の残り物から，人参，大根，里芋，蕪や椎茸，白菜，かまぼこなど7種以上の具材が入りました。七草粥と同様，正月料理で疲れた胃腸を整え，食品ロスをなくすという意味合いも含まれます。

子どもの自立心を養い，健康と成長への願いを食に絡めたこの通過儀礼は，今も生活の中に定着しているところもありますが，都市への人口集中や少子化などによって行われなくなったり，公民館などでの合同行事となったりと変化しているようです。

コオニタビラコ

オニタビラコ

ホトケノザ

ノビルのむかご　*11

地下部（塊茎）も美味なノビル

ヨメナの新芽

ヨメナ

七とこずし．晴れ着を着て近所をまわる

豚肉の入る徳之島の七草粥

# 雑草はたくましいか

踏まれても踏まれても伸びていく路上の草。刈られても刈られても，また出てくる道ばたの草。抜いても抜いても生えてくる畑の草…。炎天下でぐんぐん伸び，勢力を広げます。雑草は強くたくましいものの代表と思われています。

雑草は校庭や公園，道ばた，畑，水田などに生えますが，よく見るとそれぞれの場所で生えている種が限られ，生え方にも特徴があることに気づきます。

### 踏みつけに耐える

植物は，人があまり通らないところから生え始めます。そこでは地面を這いつくばって，より広く光を受け取り，また成長点を低くして，踏まれる確率や衝撃を小さくしています。春頃から芽生え秋には枯れる一年草のコニシキソウ，冬の寒さにも耐え年中生えている多年草のギョウギシバやシバなどです。

少しくぼんだところには，クサイやニワゼキショウなども生えています。水がたまりやすいので，湿り気を好む植物が生えるのです。

踏まれる回数がもっと少なくなると，カゼクサやネズミノオなども生えます。未舗装路に多く見かけますね。

おもしろいのはオオバコです。人の足跡のように，点々と連続して生えているのを見たことはありませんか。屋久島の宮之浦岳や霧島山の登山道でも見かけます。オオバコの種子はゼリー状の粘液に包まれているため，靴にク

コニシキソウ

湿ったところに生えるニワゼキショウ

ギョウギシバ

ネズミノオ

ッツいて，時にはシカやタヌキなど獣の足によって運ばれます。それで道の真ん中に連なって生えるのです。

同じ種類の草でも，人や車に踏まれる場所とめったに踏まれないところでは，成長に大きな差が出ます。草丈をみても，道側は低く，人に踏まれない奥側は高くなっていますね。

その大きな原因は土の硬さにあります。踏まれることによって土は硬く締まり，土中の空気は少なくなります。根も呼吸をしていますので，当然，酸素が必要です。土が硬く締まっていると酸素が行き渡らず，成長が阻害されます。道でよく見かけるギョウギシバやチガヤなども，背の高さや生えている場所に注目すると，そのことがよく分かっておもしろいです。

こんな植物たちの特徴は，茎を低くして大事な芽の部分を踏まれないようにしていること。また，根は酸素を取りやすいように浅いところを水平方向に，地表を這うように伸びます。

### 刈り取りに耐える

よく見るススキやチガヤ，シバの3種がどこに多いのか，草刈りの頻度の面から見てみましょう。

道ばたの草が大きくなると雨の時に足元が濡れますし，蚊が発生したり，ヘビなどの不快動物の出現にもつながるということで，定期的に草刈りが行われます。刈り取られた草は，上部は枯れますが，下部は生き残ります。植物の体で，より地下部の割合が大きなものは生き残り，すばやく芽を出し立ち上がって勢力を張ることができます。

人や動物が通るところに生えるオオバコ

しょっちゅう草刈りが行われるところでは，背の低いシバが増えます。年に数回のところではチガヤが増え，いつの間にか群落をつくります。

4月頃，白い穂になったチガヤを刈っても，梅雨の最中にはまた伸びてきます。それを刈り取っても10月頃にはまた伸びます。チガヤは成長点が根際にあり，葉でつくった養分は根に送られるので，上部を刈り取られても残った養分ですぐに成長するのです。

ススキなどは成長点が高い位置にあるため，回復が遅れます。草刈りが数年に1回程度であれば，チガヤより背が高くなるススキが群落をつくります。

### 野焼きに耐える

一方，河川の堤防などではしばしば野焼きが行われます。堤防はひびが入ると洪水に対して弱くなるので，土壌面の様子が分かるように管理をします。野焼きや刈り取りが定期的に行われるのはそのためです。

野焼きをすると地上の植物体は熱で焼かれて死にます。草はもちろん，樹木でも，厚い樹皮を持つクヌギやカシワなどは耐えることができますが，ほとんどの木は枯れます。ところが，秋に野焼きをしても，春になると毎年出

シバ

チカラシバ

火に強いカシワ

てきて勢力を持つ草があります。チガヤやスギナです。彼らはどうして野焼きに耐えられるのでしょうか。

野焼きをすると，地上部は200℃以上になって燃えますが，地下部はわずか3cmの深さでも温度にほとんど変化がありません。ですから，地下茎が発達したチガヤやスギナなどは生き残れるのです。一方ススキは，刈り取り後に焼かれるところだと芽の部分も被害に遭うため成育が厳しくなります。シバは地下茎が浅いため，ある程度ダメージを受けます。

ところで，道ばたでは時に，マツバウンランやネジバナなどを目にすることがあります。彼らは，どうやって身を守っているのでしょうか。じつは，マツバウンランはロゼット葉といって，葉が地表近くで放射状に広がりますし，ネジバナはラン科の多年草で，根は菌と共生していて太く，意外としっかりしているんですよ。

**抜き取りに耐える**

花壇や畑で，取っても取っても増える草があります。スギナとドクダミで，農家を困らすので地獄草の名もあります。地下茎が切れやすく，引っ張ったり耕したりすると簡単に切れ，それが他の場所に落ちて増えていきます。

ムラサキカタバミは，地下にムカゴ状の球芽が集まって球根をつくります。引っ張ると球根が割れて球芽がばらまかれ，1株まるごと取り除いたつもりが多数の生命体をまき散らすことになります。

畑では夏になると，今までなかった植物が急激に増えてきます。スベリヒユやザクロソウ，コミカンソウなどです。どれも芽が出てからわずかな時間に花を咲かせ，数百から数千，それ以上の種子を作るため，抜いても徒労に終わります。

マツバウンラン

ネジバナ

**本当に強いのか**

さて，自然の中で，こんな植物は本当に強いのでしょうか。

地下茎が長く切れやすいドクダミ

多数の球芽をもつムラサキカタバミ

もし未舗装の道を人が通らなくなったら，今よりもっと背が高い植物が芽生え競争が始まります。ギョウギシバやオオバコなどは立ち上がって背を伸ばしますが，全く人が通らなくなると，より背の高い植物に被われ，いつしか消えてしまいます。

刈り取りをしなくなると，チガヤより高くなるススキが伸びてきます。その後，アカメガシワなどの落葉広葉樹が生えてきて，ついには低木林に，そして高木林へと変わってしまいます。そうなると強い光が当たらなくなり，チガヤやススキは消滅します。

同様に，畑の耕作をやめると草原になり，いずれ低木林，高木林となって雑草も消えてしまいます。

このように，人の活動によってつくり出された環境に生きているのが雑草です。人の活動を停止すると消えてしまう運命にあるのです。

さて，雑草という言葉ですが，昭和天皇は「雑草という草はない」とおっしゃったとか。ひたむきに生きる植物をご覧になって，どんな草にも名前や役割があり，人の都合でぞんざいに扱うような呼び方をすべきではないと言われたのでしょう。

「雑草」はまさしく人の都合でつけられた名前です。水田雑草とはイネ科以外の植物，路傍雑草とは街路樹以外の植物，花壇の雑草とは，植栽種以外の植物。十把一絡げにしてそういわれる植物群も，その生き様を見ると興味深いです。とはいえ，農業をしている人や施設を管理する人から見るとやっかいな植物で，その排除は切実です。

カメレオンのごとく，二枚舌をうまく使って適当（切）に，つきあうしかありません。

スベリヒユ

コミカンソウ

ヤハズソウ

# 特攻花オオキンケイギクは今

勝手だね，人間ってやつは。「きれい」「役に立つ」ともてはやして，増えすぎたら悪者扱い。

鹿児島で特攻花（とっこうばな）とも呼ばれるオオキンケイギクのことです。

オオキンケイギクは北米原産，鮮やかな花を咲かせ丈夫なため，明治中期に日本に持ち込まれ，各地で栽培されました。

日本ではかつて道路法面の浸食防止のため，ひげ根の発達するイネ科植物（シナダレスズメガヤ，オオウシノケグサ，アメリカスズメノヒエなど）や，土壌に栄養を与えるマメ科植物（イタチハギ，メドハギ，アメリカコマツナギなど）を，土留め用の吹き付け種子として多用しました。でも，花が目立たず葉ばっかり。とくにイネ科植物は花粉症も懸念され，1990 年代になると，ヒマワリやコスモス，ルドベキア，オオキンケイギクなど（アメリカなどでは在来の野生種）を吹き付け種子の中に入れることで，土留めだけでなく景観にも寄与するという‘ワイルドフラワーによる緑化’がもてはやされたのです。冬も枯れず地下茎や根がしっかりと張る性質を生かし，道路や川の工事に広く使用されました。それがまず，関東や関西の河川で大きな集団をつくっていったのです。

川にはもともと，増水すると激しく水にもまれ乾燥すると干からびるという，植物にとって厳しい環境があります。そんな環境に適応して，カワラノギクやカワラハハコなどは生育地を確保してきました。でもオオキンケイギクが堤防から河原まで勢力を広げた今，それらは絶滅が心配されています。

環境省は 2006 年，日本の豊かな自然を壊す植物の一つとして，オオキンケイギクを「特定外来生物」に指定しました。栽培や移動は禁止，地域によっては除去作業も行われています。

さて，鹿児島のオオキンケイギクの事情について，少しお話しします。

敗戦間際，本土南端の鹿児島には，あの特攻隊の基地がいくつかありました。その一つ，鹿屋（かのや）飛行場の周辺で，戦後，オオキンケイギクが急激に咲き広がったのです。それがまるで若い命を散らした特攻隊員を悼むようだと，

オオキンケイギク

テンニンギク

シナダレスズメガヤ

コスモス

いつしか特攻花と呼ばれ，初夏の花としても親しまれるようになりました。

特攻花は時代や地域によって，いろいろな花が当てられました。戦時中は散り際のよい花としてサクラが，戦後は喜界島などで外来種のテンニンギクが，オオキンケイギクと同じ理由でそう呼ばれています。

ところで鹿児島では，オオキンケイギクはどこに生えているでしょうか。1990年代まではほとんど目立たず，特攻基地があった地域の初夏の風物詩として新聞に登場するくらいでした。

この頃はまだ，宅地開発や道路改良の法面緑化で景観植物として，コスモスや黄花コスモス，ハルシャギクなどとともに使われていて，時には新聞に賞賛するような記事も載りました。

2000年頃からいくらか目立つようになり，2005年に外来生物法が制定されると，関東や関西地域の現状が知られるようになりました。しかし県内ではまだ，なぜそこまで規制するのかといぶかる声も多かったのです。

2008年に県立博物館で鹿児島市周辺を調べたところ，花壇や造成地，道路，新興住宅地の斜面ではよく見かけたものの，川では思ったほど多く見られませんでした。しかし10年後，県内の状況を見聞してみると，県北から奄美群島まで，道路周辺や川の堤防法面でかなりの頻度で発見されています。堤防が黄色く染まる河川も多く，年々拡大する状況です。

ヒマワリ

現在は，各地でオオキンケイギクを除去するボランティア活動が始まっています。地下茎が丈夫で発達していること，1つの花から種子がたくさんできること，花期が長いことなど，全滅させるには困難な状況があり，1株残すと翌年にはまた増えるので，大変な思いをしながら活動は続いています。

外来生物の多くは人の保護がないと増えることはありません。でも，中には日本の環境に合って急激に増え，在来の生きもの世界を壊すものがいます。その一つがオオキンケイギクだったわけです。今後もオオキンケイギクだけでなく，セイタカアワダチソウ，その他の外来生物について，どう変わっていくのか，記憶に，そして記録に残しておくことが大事だと思います。

# 桜前線

春一番の話題は桜の開花でしょう。桜のなかで特に親しまれている種に，ヤマザクラとソメイヨシノがあります。ヤマザクラは一般に花より先に新芽が出て，その新芽や若葉は赤みを帯びます。

ソメイヨシノは東京の染井村で，江戸時代につくられたといわれています。桜の名所で知られる奈良県の吉野山にちなんで，当初はヨシノザクラの名がつけられたのですが，吉野山の桜はヤマザクラでこの桜とは違うことから，混乱を避けるためソメイヨシノと名が変わりました。

ソメイヨシノは，本州以南から鹿児島県湧水町まで分布するエドヒガンと，自生地が伊豆大島のオオシマザクラを掛け合わせた雑種で，めったに種子はできず，できてもほとんど芽が出ません。挿し木や接ぎ木で増やすしかなく，生き物の設計図である遺伝子がどの木も全く同じの‘クローン’になっています。そのため花の時期が揃い，花びらも同時期に落ちて桜吹雪が生まれます。大きな花弁がぱっと開いて，ぱっと散る。日本人の心情に合い，最も愛される花といっていいでしょう。ただ，散り際が見事な様子から大和魂を連想させ，戦時中は特攻隊を象徴する特攻花と呼ばれたこともありました。

桜といえば，かつてはヤマザクラをいうことが多かったのですが，戦後はソメイヨシノが爆発的な勢いで北海道（一部）から鹿児島まで広がりました。また，米国や英国，中国をはじめとする諸外国にも，日本の文化を紹介する植物として植栽されています。

さて，よく話題になる「桜の開花日」は気象庁が発表しています。気象庁では，人びとの季節感に訴える手軽な指標として，生活に身近な生物に着目した生物季節観測を 1953 年から行っています。同じ生物現象を毎年定点観測することによって，観測地点の季節の進み具合を過去と比較したり，他の地点と比較したりすることを目的としています。植物ではサクラやウメ，アジサイの開花や，カエデやイチョウの紅

オオシマザクラ

ソメイヨシノ

ヤマザクラ

(黄）葉なども観測しています。
　その中で，サクラの開花ではソメイヨシノが，待ち遠しかった春の訪れを知らせる指標植物に選ばれたのです。クローン生物なので個体差が少なく，指標としてふさわしいといえます。
　一方，ヤマザクラはミツバチなどによって受粉し，実ったさくらんぼを鳥がついばみ，その不消化の種子をウンチとして見晴らしのよい場所などにまき散らすことで増えていきます。遺伝子は当然,木によって異なりますので，葉や花の色も微妙に違います。花の咲く時期もソメイヨシノのようには揃わず，開花日も株によって差がありすぎるので，指標には向かないのです。
　桜の開花日は地域ごとに，それぞれの気象台が定めた標本木があり，その木に５～６輪以上咲いた日を開花日としています。地域で一番早く咲いたソメイヨシノ，ということではないのですね。植物の開花は，遺伝子だけでなく，生える場所の温度や風当たりなどの環境によっても違ってきます。同じ地域でも海岸部と内陸部で，また山の南側と北側で違いが生まれるため，１本に定めているのです。
　ところがその標本木となる樹種は，鹿児島から東北まではソメイヨシノなのですが，奄美，沖縄はカンヒザクラ，北海道はエゾヤマザクラとなっています。どうしてなのでしょうか。
　じつはソメイヨシノが花芽をつけるには，一定の期間，低温にさらされる必要があります。奄美で咲く年もありますが，不安定です。また，寒さが厳しいことも成育に障りがあります。このため，奄美，沖縄ではカンヒザクラが，北海道ではエゾヤマザクラが標本木になっているのです。

鹿児島地方気象台にある標本木　＊12

いっせいに散るソメイヨシノ

新芽が赤いヤマザクラ

# 鹿児島のすごい桜

鹿児島県に自生する主な桜は，ヤマザクラとエドヒガンです。いずれも鹿児島が分布の南限になっていることをご存じでしょうか。そしてどちらも，とんでもない化け物みたいな木であることを。

ヤマザクラはトカラ列島の諏訪之瀬島が南限で，鹿児島では３月中旬に春の到来を知らせる木として，ソメイヨシノに先駆けて咲きます。花も葉も赤いのが特徴で，花が咲くより早く葉が広がります。

南限地である諏訪之瀬島のナベタオ地区には，巨大なヤマザクラが数本あります。実際に見て驚きました。幹の直径が１ｍを超える巨木で，根元から倒れて臥龍梅のように地表を這い上がり，またその根際からは，いくつもの幹が新たに伸びているのです。倒れた部分からはクモの巣状の根も出ています。南限の桜は特別に変わった形態をしていて，圧倒されました。

這うように伸びる諏訪之瀬島のツクシザクラ

諏訪之瀬島のヤマザクラは，九州の主に西海岸地帯とその周辺部に広く分布するヤマザクラの変種で，ツクシザクラと呼ばれるものです。葉が大きくてヤマザクラより厚く，裏面が白いのが特徴です。ヤマザクラの若い葉は赤褐色ですが，ツクシザクラはやや褐色を帯びた黄緑色で，枝はヤマザクラより太くて枝分かれが少なく，花の香りが良いといわれています。

一方，エドヒガンは名前のとおり春の彼岸ごろに，ソメイヨシノよりわずかに早く花を咲かせます。ヤマザクラとは異なり，葉より先に花が咲きます。

巨木になる諏訪之瀬島のツクシザクラ　＊13

ツクシザクラ　＊13

エドヒガン

天然記念物指定地のエドヒガン

薄紅色から白色の花弁は５枚で，萼の付け根が丸く膨らんでいます。特徴的なのは樹皮で，これがサクラかというほど黒いのです。県北の湧水町が分布の南限地で，陸上自衛隊の演習場にある自生地は「ヒガンザクラ自生南限地」として国の天然記念物に指定されています。

ところで，南限地帯の樹木は萎縮しているかと思ったら，そうでもないようです。

伊佐市奥十曽（おくじつそう）にあるものは，環境省の調査でエドヒガンとしては日本一の大きさで，林野庁が選定した「森の巨人たち百選」に選ばれています。平成３年の環境庁調査報告書では「推定 300 年以上」とありますが，現地にある林野庁の看板は，「推定樹齢 600 年，樹高 28 m，幹周 10.99 m」となっています。根が地上に浮き上がった独特な形で，しかも巨大。南限の地でのびのびと生きている，まさに怪物です。一方，建築士会による手書きの看板には，「この江戸彼岸は従来日本一とされていた山梨県の神代桜を凌ぐ巨木…」「根回り 21 m」とありました。

ちなみに，「桜前線」で紹介したソメイヨシノは日本のサクラの代表といわれるほど華やかですが，じつはその起源は長い間不明だったのです。そのことを，大正３年（1914 年）に日本のサクラや針葉樹を欧米に紹介するために来日したウィルソンは，わずかな滞在期間で看破しました。優れたプラントハンターであったことを示す逸話です。

奥十曽のエドヒガン

# 南の桜　カンヒザクラ

「桜が咲いたよ」

毎年，成人の日の頃になると，奄美から春を知らせる便りが届きます。低木のカンヒザクラ（寒緋桜）で，野生種です。ヒカンザクラともいいます。

濃い緋色の花が下向きに咲くカンヒザクラは，多くの園芸品種の母樹にもなっています。奄美・沖縄では桜といえばこれで，人々はメジロやヒヨドリと一緒に，カンヒザクラの開花を待ちわびます。

奄美大島が最も早く１月末に，沖縄本島では２月の初め，宮古島では２月初旬に，自生地のある石垣島でも２月の初めに開花します。鹿児島市内では，満開は２月下旬，東京あたりでは３月初旬です。でも不思議ですね。奄美大島付近が最も早く，南や北に行くにつれて遅くなるなんて。

バラ科の植物の中にはサクラやウメのように，一定の間，寒さに当たらないと花芽をつけないものがあります。そしてその後，暖かくなってから花を咲かせるのです。このため，南方にはソメイヨシノやウメは咲きませんが，カンヒザクラは寒さの条件が若干緩く，花芽をつけることができます。

ただ，奄美大島より北の寒い地域では，花芽をつけてから暖かくなるまでの期間が長びくために，一方，南の暖かい地域で花芽をつけるには，しっかりと寒さを感じる期間が必要なために，それぞれ奄美大島より開花が遅れるのでしょう。

さて，このカンヒザクラの自生地は，日本では沖縄県の石垣島だけで，「荒川のカンヒザクラ自生地」として国の天然記念物に指定されています。

石垣島は亜熱帯地域で，森のほとんどが常緑樹に覆われています。標高

大和村のカンヒザクラ

赤みがやや薄い荒川のカンヒザクラ．沖縄県石垣島　（花＊14）

200 m付近の自生地に花を見に行ってみると，そこは落葉樹のアカメガシワやヤシ科のクロツグなどの低木林でした。北西に面した急な崖や崖下で絶えず崩壊があり，ここ石垣島でも寒々とした北風が吹きつけるところです。カンヒザクラはこんな場所で，定期的に崖崩れや暴風に遭い，太い枝を何度も折られながら，ほかの木とともに林をつくっていました。

崖崩れや暴風がないと常緑樹が増え，背の低いカンヒザクラは光を求める競争に負けてしまいます。さほど大きくなることのない落葉樹のサクラが生きていける場所は，安定した常緑樹の森ではなく，大きくなったかと思うとしばしば崩れる絶壁だったのです。そこに生えることで，初期に成長の早い落葉樹は常緑樹に伍して生き残ることができたのです。

鮮やかな緋色の花をびっしりとつけるカンヒザクラが，まっすぐ伸びることもできず大地にしがみつくように生えている様は感動的です。こんなところに身を寄せ合って古い時代から命をつないできたと思うと，カンヒザクラを見る目が少し変わりました。

荒川のカンヒザクラ

カンヒザクラ

大和村のカンヒザクラ

# 家まわりの植物

薩摩藩の郷士が住んだという姶良市蒲生町の旧家は，蒲生石と呼ばれる溶結凝灰岩の石垣の上に生け垣が続き，屋敷の中にはイヌマキの大木があります。石垣の表面には手鑿（てみの）の跡が残り，その上をびっしりと蔓植物のオオイタビが張りつきます。手入れの行き届かない石垣ではオオイタビが成長し，秋ともなればイチジクに似た実が熟れ，かつての子どもたちは先を争って食べました。昔はどの家々も手入れがなされ，石垣に生える植物は少ないものでした。それでも上部に比べて下部は湿度が高く，ホウライシダなどが付着していました。

武家屋敷の生け垣は針葉樹のイヌマキや，イヌマキの変種で葉が小さいラカンマキが多く見られます。照葉樹のイスノキやヒサカキ，海岸植物のマサキやハマヒサカキで家を囲むこともあります。いずれも損傷したとき，枝から芽を出す力が強い樹木です。剪定すると潜んでいた芽が切り口近くから出て広がり，目隠しとなります。海岸や山地の木々の性質を知っての選択なのでしょう。

チャノキを生け垣とするところもあります。薩摩川内市入来町の武家屋敷

イヌマキ

オオイタビ

チャノキ

イスノキの果実と虫こぶ

では一般的で，蒲生にも見られます。春の新芽をお茶に加工し，冬は茶花として利用するのです。お茶はもともと薬として中国から伝来した植物で，その後は飲用として広まり，江戸時代には庶民にも普及しました。

生け垣には樹木に混じり，蔓植物のカニクサやヤブガラシ，ヘクソカズラなども生えます。ヤブガラシはビンボウカズラと呼ばれ，昔はそのままにしておくことがはばかられました。ヘクソカズラの花は壺状でお灸（ヤイト）に似ているためヤイトバナ，くさいからへカズラ，花を使う遊びからテングバナとも呼ばれました。

イヌマキは様々に活用されました。芯を止め，形を作るのが和の庭です。蒲生の武家屋敷では生け垣としてばかりでなく，形を作って家のシンボルとしました。また，シロアリの被害が発生しにくいため，柱や床材にも使われます。その利用を考え屋敷の境界木として，芯を止めずに植栽されました。赤い実は子どものおやつになりました。

赤い実が豊かさを象徴する樹木として，しばしばクロガネモチが植えられました。低木ではマンリョウ（万両）やセンリョウ(千両)，カラタチバナ(百両)，ヤブコウジ(十両)，アリドオシ(一両）と，験を担いで植えることもありました。

女の子が生まれるとツゲやキリを植えました。ツゲの成長は遅いですが，嫁に行く頃には櫛に加工できるほどの大きさになります。キリはタンスの材として貴重でした。長期計画で生活具に必要な樹木を育てたのです。

マサキ

ハマヒサカキ

ヤブガラシ

クロガネモチ

庭の片隅には，食べ物を盛って包むハランも植えました。ゲットウやクマタケランのような芳香は少ないものの，丈夫で清潔，抗菌作用を持つ葉で，バランとも呼ばれます。原産地は中国と思われた時期もありましたが，じつは三島村黒島や十島村諏訪之瀬島，宇治群島の向島で，武家屋敷をはじめ県内の古民家の庭先にあります。姶良の山中でも見ることがありますが，それはかつての住居跡であることが多いようです。

屋敷の北面にはナンテンが植えられました。陽の当たらない北面は，昔はトイレが配された場所。ナンテンは難を転じるという語呂合わせもありますが，抗菌作用を持つことから腐敗・分解を抑える効果があり，また消臭作用も利用されたのです。さらに，日陰では生育がよく，逆に乾燥した東南面では芳しくないという性質も巧みに利用されています。

シキミは仏前に供えるため，香りがあり死臭を消すということで植えられました。墓や仏壇，神棚に供えるサカキ，あるいはヒサカキ，マサキのほか，カイズカイブキなども植えました。

愛でる花としては，ツツジ科の植物が重宝されました。姶良市域を分布の中心として自生するハヤトミツバツツジは，春に先駆けて鮮やかな紫色の花を咲かせる落葉樹で岩ツツジと呼ばれ，人気の的でした。園芸目的の採集で激減し，県の指定希少野生動植物種に指定されています。現在は帖佐の鍋倉洞窟の崖地に点々とあり，春の訪れを知らせてくれます。じつは山で見るよりはるかに多く，民家の庭先で見られます。

ほかに，ハヤトミツバツツジに後れて紫色，桃色，白色のしっかりした花弁の花が咲くヒラドツツジ，その後に

ハラン

ナンテン

シキミ

咲く，真っ赤で大柄な花のケラマツツジも広く植えられます。これは琉球諸島が分布の中心で，奄美大島以南に自生します。花弁を保護する萼が発達して粘着性があり，子どもたちは春のひっつき虫として遊びました。深紅の小柄な花がびっしりつくキリシマツツジも，よく植えられています。

ヒラドツツジ

ケラマツツジ

キリシマツツジ

ハヤトミツバツツジ

# 屋敷を守る樹木

沖縄から奄美群島，そして南九州は，かつて台風銀座と呼ばれていました。ひとたび台風が来るとひどい被害となることも多く，家造りは台風対策が念頭に置かれました。今でも離島や海岸端の集落では，強い風を避けて建物全体を低くしたり，瓦や屋根材が飛ばされないように網をかぶせたり，重い石を屋根に置いたりしているところが見受けられます。

また，この地域は夏の暑さ，湿度にも厳しいものがあります。その軽減策として床を高くし，壁をほとんどなくし風通しをよくしました。現在のようにエアコンがなかった時代は，夏向きの家を造るのが南九州の建築の基本だったのです。

そうなると，プライバシーを守るものがありません。そこで垣根や石垣が発達しました。台風の威力がすさまじい集落では石垣が造られました。南さつま市の大当(おおとう)集落では野面石の石垣が，喜界島の阿伝(あでん)や小野津，加計呂麻島の実久(さねく)集落では珊瑚の積み石による石垣が見事です。

ただ，石垣は強風には強いのですが，風を取り入れてはくれません。そこで，石垣の上に生け垣を作って風を入れているところや，風が厳しくない地域では生け垣だけのところもありま

サンゴの石垣．喜界島小野津

す。石垣だと，亜熱帯の太陽の照り返しが強く暑くなりますが，生け垣であれば植物の蒸散作用によって気化熱が奪われ，打ち水をしたときのように涼しくなるというわけです。

生け垣の植物は，その土地の自然と文化を反映します。南北 600km ある鹿児島の多様さがここに現れます。

奄美で多いのがリュウキュウコクタン，フクギ，ゲッキツです。リュウキュウコクタンは濃緑色の葉，黒い幹が特徴で，沖縄以南に自生します。奄美には交易で移入されました。床柱や三味線の竿には最高の素材で，熟した果実は食用にもなります。

フクギはフィリピンや台湾に自生する植物で葉が厚くて広く，枝はさほど広がらず，主幹が太くまっすぐ伸び，こんもりとした樹形になります。火に強く，延焼を食い止めると伝えられ，奄美大島では火事場木（クワジバギー）などと呼ばれ，家屋が密集したところ

伊仙町馬根集落．屋根を低くし防風林で守る ＊15

リュウキュウコクタン

フクギ

フクギ並木．大和村国直 ＊4

でも敷地の境に植えられているのをよく見かけます。沖縄では紅型(びんがた)などの織物の染色に使われ，琉球文化を支える重要な植物です。

リュウキュウコクタン，フクギとも，沖縄では今や海岸林の構成種ですが，奄美では歴史のある古い集落にすっかり溶け込んで独特の景観をつくっています。

一方，ゲッキツはトカラ列島宝島以南の隆起サンゴ礁地帯に生えるミカンの仲間で，成長しても５ｍに達しない低木です。葉は丸くて小さくて厚く，幹は白く，花は白くて香りがあります。小さな実をつけ赤く熟します。枝が傷つくとすぐ芽吹くので，丹念に刈り込むと密生した生け垣を作ることができます。

奄美地域で集落のある地域は，縄文時代には海の中だったところが多く，そこが隆起して隆起サンゴ礁となったり，沖積地であったりして，大半が弱いアルカリ性の土壌となっています。ゲッキツ，フクギ，リュウキュウコクタンとも，この土壌に難なく適応する植物なのです。

種子島や屋久島，甑島では，生け垣の樹木は奄美とは異なります。九州島に近いため，その多くはハマヒサカキ，イスノキ，シャリンバイ，マサキ，イヌマキで，時にガジュマルも使われます。小さくて厚い葉を持ち，芽吹きのよいハマヒサカキはとくに人気で，集落の景観を彩っています。独特のにおいのする小さな黄白色の花と黒い実を大量につけ，これを狙ってメジロの集団が，まさに目白押しでやってくるのが冬の風物詩となっています。

ゲッキツの生け垣

ゲッキツの花と実

ガジュマルの生け垣．諏訪之瀬島

シャリンバイ．
奄美ではテーチギと
呼ばれ，大島紬の染
料に使われる

ハマヒサカキの生け垣．種子島

# ケンムンとガジュマル

昔，鹿児島にはいろいろな生きものがいました。ガラッパ，ケンムン，ケンモン，キジムナー。

どなたか最近，会われた方はいませんか。

ガラッパは屋久島以北の川に住み，ケンムンは奄美大島，喜界島，ケンモンは徳之島，キジムナーは沖永良部島に住んでいるようなのですが。

いずれも相撲好き。めっぽう強く，子どもがいれば盛んに話しかけ，相撲を取りたがります。そのケンムンやキジムナーのお住まいは，どうもガジュマルの森らしい…。

さて，なぜケンムンはガジュマルを屋敷にしたのでしょうか。

ガジュマルは幹や枝から太いひげのような根（気根）を出します。気根は成長して地面に達すると，今まで太い糸のようで風にそよいでいたものが，徐々に上の方からロープのように太くなって地面に突き刺すようになります。その後さらに太くなり幹のようになって，張り出した枝を支えるようになります。やがて幹の中心が枯れ，枝を支えている気根が大きく成長すると，ここが幹の本体となり樹の位置が変わります。ガジュマルは移動する樹木なのですね。

また，ガジュマルはイチジクの仲間

ガジュマルの巨木．喜界島手久津久

で花は閉じた壺のようになっているため，いつ咲きいつ実になったのか外見からは分かりません。種子は鳥やコウモリが果実を食べることによって運ばれ，糞を別の木の上にすると，そこから発芽して根を出します。そして自分の体を支えるため，その木の幹にしっかりと抱きつきながら根を下ろしていきます。抱きつかれた木は枯れることもあり，そこからガジュマルを「絞め殺し植物＝絞殺木」というすごい名で呼ぶことがあります。

奄美大島以南では，この絞殺木の仲間にアコウ，ハマイヌビワ，ムクイヌビワなどがあり，人が住むサンゴ礁が隆起した低地部に多く生えています。気根から生まれた幹が縦横に何本もあって根がしっかり張るため，台風や季節風に強く，家や耕地を守る防風林として機能します。また，子どもたちには木登りやブランコ遊びの場になったりしてとても身近ですし，大人にとっては，ガジュマルのつくる木陰は亜熱帯の照りつける日差しをやわらげ，地域の重要な交流の場にもなっていました。

このようにガジュマルは他の木にはない怪しい形や性質があり，人々にとって大事な樹木であったため，やさしい奄美群島の人々がケンムンの住みかとして提供したのでしょう。そこに「ケンムンが住んでいるから，ガジュマルを伐ったらたたられる。大事にしなさいよ」と，ケンムンを登場させて子どもたちや思慮のない人たちを戒め，ガジュマルの森を聖域化したのだろうと思われます。

移動するガジュマル．屋久島猿川

気根から支柱根へ変化するガジュマル．徳之島面縄

タブノキを絞め殺すアコウ．平島

ケンムンの森に似た謂れは，鹿児島県内のほかの地域にもあります。

かつては，人が寄り添って暮らす集落ができるのは，地下水の得やすい海岸部でした。海岸部は遮るものがないため，台風や季節風が強く吹きます。海岸部に発達する森は，九州では潮風に強いタブノキやヤブニッケイが中心です。屋久島や種子島，トカラ列島の悪石島までは，ほかにアコウやガジュマル，モクタチバナが混ざります。

そんな森の中に，種子島にはガロウ山と，また薩摩半島南部と大隅半島南部にはモイドンと呼ばれる聖域があります。いずれも水に関わりがあり，汚すとたたりがあるといわれてきました。そんな聖域とされる森はタブノキの林の中にアコウが入ることが多く，それはアコウの樹形や絞殺木の性質が注目されたからでしょう。

森を守ることで風から家を守る。森を守ることで水を守り，水を守ることで人々の命と安全を守る。この森を聖域とすることによって，人々の生命と財産を守っている。そのためにケンムンやカッパのごとき妖怪をも生み出した。そこに昔の人の知恵を見る思いです。

地域の人たちの植物に寄せる思いに触れると怖くもあり，ユーモラスでもあります。昔の人は樹木をよく観察し，心で見ていたと思うことです。

ガジュマル－ハマイヌビワ群落

左アコウ，右ガジュマル．屋久島志戸子

ガジュマル

ハマイヌビワ

アコウ

集落を守るアコウ．屋久島小瀬田

お田植え祭も行われる神田の背後にあるガロウ山．
この中にもアコウが生えている．南種子町下中

指宿市上西園のモイドン．エノキの巨木に取りついたといわれるアコウ

# 仙巌園の植物

鹿児島市の観光の中核地といえば仙巌園。15,000坪に及ぶ園地から望む雄々しく噴煙を上げる桜島，それを許すように色を変える錦江湾の姿。何とも言いがたい素晴らしい景色ですね。

ここは関ケ原の合戦が終わり平穏な江戸期になった1635年，薩摩藩第2代藩主島津光久公によって別邸が造られたところ。その庭の仙巌園は大名庭園として藩主家族の癒しの場や賓客のもてなしの場に利用されてきました。

当然，その後継藩主は景観の維持や修復，改修に努めることになるわけですが，庭園趣味があった第10代藩主島津斉興は，ここのほかに玉里庭園を造り，さらに仙巌園も大幅に拡張します。その子息で第11代藩主の斉彬は，仙巌園を中心に日本の近代化を目指し，集成館事業を興しました。このため仙巌園は変わり，それが斉興が息子を気に入らない理由の一つになったかもしれません。

その後，薩英戦争の攪乱を受け，版籍奉還後は明治31年（1898年）まで島津家の本宅となっていました。それ以降は島津家の別邸となり，昭和24年（1949年）からは鹿児島市が管理，32年以降は島津興業の管理下に変わっています。そして，翌33年には庭園としての価値が認められ，文化庁から名勝の文化財指定を受けています。

また，園内に残る「反射炉跡」は，「明治日本の産業革命遺産　製鉄・製鋼，造船，石炭産業」の構成資産である「旧集成館」の一部として，平成27年（2015年）に世界文化遺産に登録されました。

桜島を背景とした仙巌園．左手にヤクタネゴヨウがあった　*16

サツマノギク

カノコユリ

イジュ

現在の仙巌園の植物は多彩です。

入り口付近ではミカンが待ち受けています。英語で「SATSUMA」と呼ばれるこの植物は温州ミカンで，鹿児島はその発祥の地です。このほか，鹿児島に由来するミカンには，世界一小さいと宣伝している「桜島小みかん」や，日本一大きい「バンペイユ」や「ボンタン」などがあります。

しばらく行くと石垣があります。これはかつての海岸線の護岸で，わずかな隙間には鹿児島の海岸植物が植えられています。夏に次々と花を咲かせるハマオモト，葉の裏が白いサツマノギク，葉が白い産毛にびっしりと覆われ隆起サンゴ礁上に生えるモクビャッコウ，そして東シナ海側に生える，大柄でカサブランカの母種にもなったカノコユリなど，鹿児島らしい植物があふれ，人々を迎えてくれます。

この庭園はもともと，桜島と錦江湾を借景にしたとてつもない着想で造られましたが，明治5年に海側に道路が通され，その後鉄道も走るようになったので，海側は高い石垣と生け垣で囲うことになりました。生け垣はイヌマキが主ですが，中には奄美大島以南にしかないイジュや，鹿児島の山地部で主要な樹木であるイスノキを重用した部分もあります。

庭園で目を見張る植物として，ヤクタネゴヨウとタイサンボクの巨木があります。

ヤクタネゴヨウは樹齢200年あるいは350年ともいわれ，2018年9月まで御殿東側にありました。かのウィルソンは，種子島に立ち寄った際にヤクタネゴヨウを見て，この地域に固有のゴヨウマツだと直感したといいます。さすがにすごい眼力です。

イヌマキの垣根　＊16

バクチノキ

在りし日のヤクタネゴヨウは幹に空洞がありワイヤーで支えられていましたが，その姿はじつに堂々としていました。時々，下の芝生に翼のない種子が散らばっているのを見かけるものでした。仙巌園のシンボルツリーとして長い間多くの人々に親しまれてきましたが，シロアリ，台風等で枝が落ち，とうとう伐採されることになりました。

伐採の日，木への感謝とねぎらい，工事の安全を祈って神事が執り行われ，マスコミにも大きく取り上げられました。現在はその地に，若い後継木が育っています。

タイサンボクは御殿の北側に今もあります。北米原産の照葉樹で，葉は厚くて大きく，甘いにおいのする純白の大きな花が咲きます。これと同じような巨木が，玉里庭園にもあります。

園内にはマツやウメ，ボタン，シャクヤク，ショウブなどの植栽もありますが，一般の庭園とは少し趣が異なり，ナツメやビワ，カリン，カキ，ココヤシなどの果物がところどころで見られます。奥方や家族の生活の臭いが感じられ，うれしくなります。

また，キクやアサガオが好きだった歴代の藩主にちなんで，毎年，懸崖菊や仕立て菊などが展示される菊まつりや，変化アサガオの展示（変わり咲き朝顔展）もあって，いろいろな植物を楽しむことができます。

曲水の庭に隣接してモウソウチクの江南竹林があります。曲水の庭には必須の植物であったらしく，石碑には1736年に島津吉貴が琉球より2株取り寄せたとあります。しかし琉球にはこの竹が生える環境がなく，現在では原産の中国から直接取り寄せたと考えられています。

仙巌園は急峻な崖を背にしていますが，そこはタブノキやスダジイ，時にアコウやクスノキ等の巨木が生える照

タイサンボク　＊16

アカマツと菊まつりの懸崖菊　＊16

カリン

江南竹林

葉樹の森となっています。原生林ではありませんが巨木が多いのは，園ができて以降，頻繁には燃料等に利用してこなかったためと考えられます。一部にマテバシイの森もありますが，ここは園内で作っていた薩摩焼等に必要な良質の燃料を採るため，ドングリを蒔いてつくられた森だったのでしょう。

仙巌園の崖は主に姶良カルデラの爆発で起こった吉野火砕流からできています。溶結凝灰岩からできているところや非溶結のシラスで覆われているところもあり，豪雨によって崩れやすくなることもあって，崖崩れが頻発する場所でもあります。この崖崩れ対策に，鹿児島の在来工法であるホウライチクを使った土留めが施されています。

ホウライチクは地下茎が水平に伸びるのではなく，根が垂直に伸びて土壌をしっかりつかむ，東南アジア原産の竹です。今，ホウライチクの繁みが各所に見られますが，そこはかつての崩壊箇所や崩壊予想地であることが分かって，先人の知恵の深さが偲ばれます。

借景に同化して木が生え心地よい景観となっている仙巌園ですが，植生を見ると，自然と人の歴史，人々の生活と知恵を知ることのできる，すてきな場所になっています。

仙巌園の背後にある磯山のタブ林

山際にあるクスノキの巨木

屋敷からの眺望を確保するため前庭はシバで広く覆い，低く刈り込まれたサツキやよく剪定されたマツを配している　＊16

# 玉里庭園の植物

玉里邸は，島津家の 27 代当主で薩摩藩第 10 代藩主の斉興が，1835 年に現在の鹿児島市立鹿児島女子高校の敷地に建築しました。斉興の別称が「玉印」だったため「玉里邸」と呼ばれ，地名も玉里となったようです。西南戦争で消失し，その後斉興の子の久光が 1879 年に再建しました。

久光が亡くなった時には国葬が執り行われ，黒門から棺が搬出されたのですが，そこから現在の国道 3 号線までをつなぐ道路が急遽開削され，国葬道路と呼ばれるようになりました。今はセイヨウトチノキ（マロニエ）が街路樹に植えられています。

その後，引き継いだ子孫が東京に移って別邸となり，第二次大戦で屋敷は茶室と長屋門を残して焼けてしまいました。それを 1951 年に鹿児島市が買い取り，1959 年に鹿児島女子高校が移転して，現在に至っています。

さて，玉里邸の庭園は北側にあり，屋敷から見る「上御庭」（鹿児島女子高の校庭にある）と，南側にある回遊式の「下御庭」があります。両庭とも南九州の大名庭園としての価値が評価され，2007 年に「旧島津氏玉里庭園」として国の名勝に指定されました。現在は下御庭が公開されています。

下御庭には，茶室と大きな池を巡るように庭園が造られています。池の周りにはキリシタン灯籠，朝鮮灯籠，菊灯籠などの石灯籠や，海岸にあった巨石を割って引き揚げ，組み合わせて復元した庭石が置かれています。

植物がおもしろいです。作庭当時か

眺望のため池前をシバで覆い，シマサルスベリやイロハモミジなどの落葉樹で変化をもたせた下御庭　＊17

石灯籠　＊17

海岸の石を 53 個に割り接着した庭石　＊17

らあるもの，戦後植えられたもの，手入れが行われなかった時期に侵入したものなど，いろいろと推定できます。というのも，昭和３年（1928 年）に九州帝大の永見健一助教授が残した記録があるからです。

作庭当時からの植物はタイサンボク，イヌマキ，シマサルスベリ，スダジイ，モッコク，クロガネモチなどで，百数十年の時を経て大木になり，風格があります。このうちタイサンボクは北米原産で白く大きな花をつけ，胸高直径が 77cm もあります。仙巌園にも同サイズのものがあり，仙巌園の庭園拡張も行った斉興によって同時期に植えられたものと推察されます。きっと当時はごく希だったこの木を，権威の象徴として植えさせたのでしょう。

黒門

シマサルスベリ（左）とイロハモミジ　＊17

タイサンボクの巨木　＊17

シマサルスベリの樹肌

昭和初期に手を加えられたものとしては，藤棚があります。

永見の記録には，サクラとクロマツやアカマツが多数ありますが，それらはほとんど消えてしまいました。

永見の記録にはなく高木になっているものに，ハゼノキ，センダン，エノキ，ムクノキなどの落葉樹，タブノキ，カゴノキ，アラカシなどの常緑樹があります。また，中低木としてヒサカキ，クロキ，ヤマモガシ，ムラサキシキブ，トベラなどがあります。いずれも鳥が種子を運んできたものです。既に高木となっているものの中に，幹に鋭いとげを持つクスドイゲがあります。庭園にはよっぽどのことがない限り植えない種ですので，長期間庭園の管理が放棄されていたことがうかがわれます。

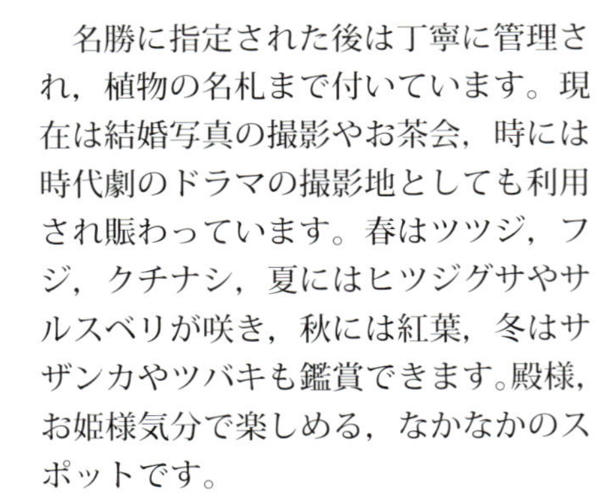

名勝に指定された後は丁寧に管理され，植物の名札まで付いています。現在は結婚写真の撮影やお茶会，時には時代劇のドラマの撮影地としても利用され賑わっています。春はツツジ，フジ，クチナシ，夏にはヒツジグサやサルスベリが咲き，秋には紅葉，冬はサザンカやツバキも鑑賞できます。殿様，お姫様気分で楽しめる，なかなかのスポットです。

また近年、珍しいキノコみたいな植物が生えていると聞き確認したところ，キイレツチトリモチと判明しました。（2章「天然記念物キイレツチトリモチ」参照）

玉里庭園では，隣接する鹿児島女子高校側の植え込みにあるネズミモチやトベラに寄生しているものが12月頃に発生しています。

八重咲きのフジ　*17

ヒツジグサ

ムラサキシキブ

トベラの果実

キイレツチトリモチ

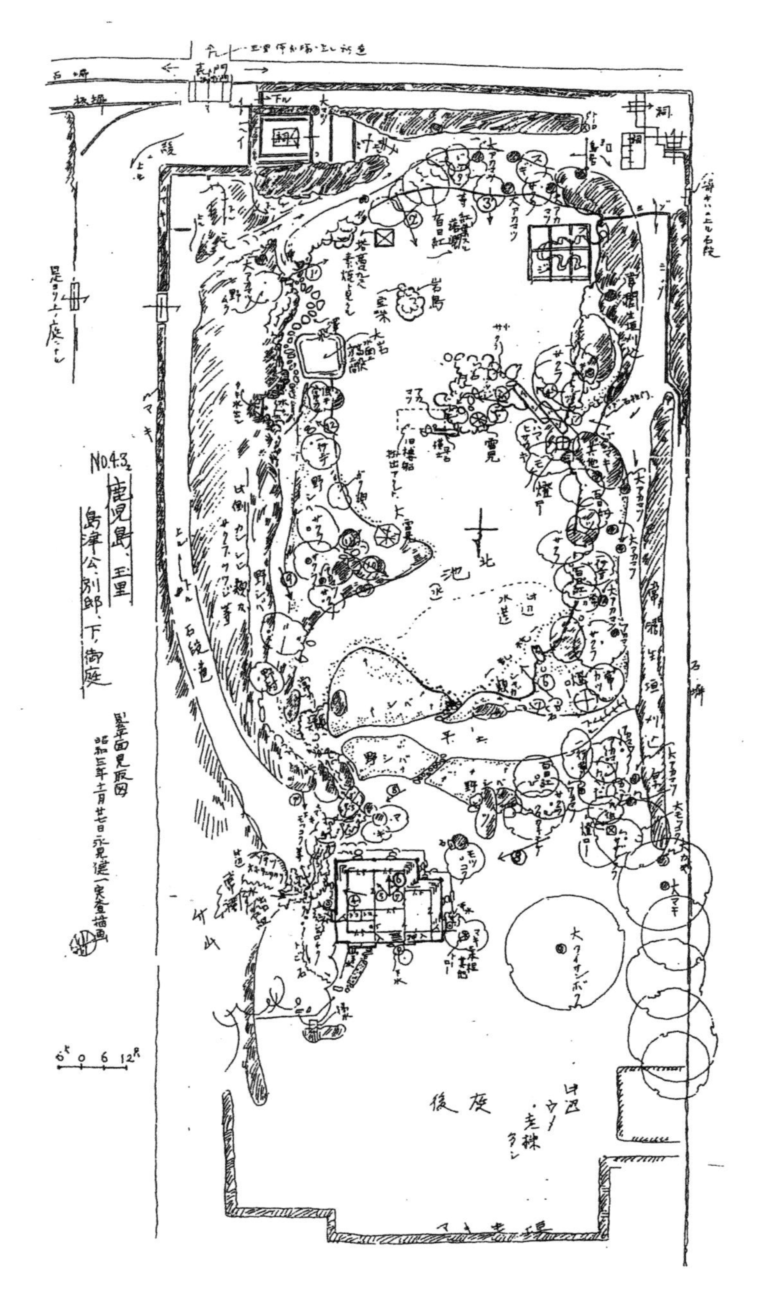


永見健一助教授による記録　『薩藩庭園調査覚書』（昭和３年，九州帝国大学）より
形状は現在と変わらないが，植栽はアカマツやクロマツが大きな景観をつくり，サルスベリやヤマザクラなどの花木もみえる．当時から大きかったイヌマキやモッコク，シンボルとなるタイサンボクが，茶室の傍らに植栽されていたことがわかる．

# 学校の緑を子どもたちへ

ある高校での話です。校長先生のところに，学校に隣接する家から苦情が持ち込まれました。「学校からの落ち葉が家に入ってくる。どうにかしてほしい」。校長は「よし分かった。伐りましょう」と躊躇なく，ほとんど跡が残らないくらいばっさり伐ってしまいました。これにはあきれてしまいました。

学校にはいろいろな苦情が寄せられます。とくに最近は，これまでなかった，まさしく想定外の要望もあります。部活動の声がうるさい，チャイムの音がうるさい，などなど。

学校とはいったい何をするところでしょうか。学校は児童・生徒が未来を生きるための知識，技能，創造力，生きる力を養うべく，心や体を鍛えるところ。それは昔から変わりません。

その学校に必要なものは何か。教職員や教材はもちろん，忘れがちなのは勉学のための落ち着いた環境です。そのためには緑が必要です。学校の緑は，じつにたくさんの機能を持っています。

**①空気を浄化する**

光合成を行い，私たちの呼吸に必要な酸素を供給します。二酸化炭素を吸収し，空気を浄化します。また，粉塵や，校庭等で発生した土埃を吸収してくれます。

**②騒音を和らげる**

樹木の葉は，高さを分けて重なり合っています。このため発生した音は葉に当たって散乱し，吸収されます。道路のそばでは車の騒音を減少させるのに有効です。また，学校で発生する声や音楽，生活音などを静めます。

**③温度較差を少なくする**

日中は植物の行う蒸散作用で気化熱が奪われ，涼しくなります。木があることで，気温の変動をより緩やかなものにしてくれます。

**④児童生徒・教師に潤いを与える**

花が咲く，実がなるなどの植物の生き様，そこを訪れる鳥や時には獣，植物を食べる昆虫などの生活や行動を観察すること

シンボルツリーと芝生の校庭．旧南さつま市立久木野小学校

で自然体験が増え，感性が磨かれ，心に潤いが生まれます。

⑤人々の命を守る（避難の場）

樹木は葉に水をもち，火災時の延焼を止める働きがあります。また，地震時は樹木の根で土壌を緊縛し，土砂崩れなどを未然に防いだりします。木で囲まれた校庭は避難の場として利用できます。

⑥他の動物の生活の場を与える

学校という広い空間は，人だけでなく他の動物も利用しています。木の下には木の葉を食べるダニやミミズなどの分解者がおり，それを食べるカエルがいることもあります。さらに木の実を食べる鳥なども訪れます。他の動物・生命との共存も，学校においては重要な意味を持ちます。児童・生徒の安全・衛生に関わることでなければ，共存する空間を準備しておくことは重要でしょう。

⑦表土を保全する

樹木は表土が飛び散らないように，浸食されないように保護してくれます。土埃が立つのを防止し，また吸収もしてくれます。

わずかな面積でも木々があることで潤いが生まれる

⑧教材になる

校庭は，児童・生徒および教師が一緒になって自然を見つめることができる場です。いろいろな教材として効率よく利用できます。

このように学校の緑は，子どもの生命と安全を守り，平穏を与えてくれるばかりでなく，教材にも活用されます。幼稚園では遊びを通して緑と触れあうことで，自然に対する興味や関心をもたせ，知識や感性の芽生えを育みます。小・中・高等学校では，科学，芸術，文学，衣・食・住などの分野を含む教科・領域で自然を取り上げます。このため学校には様々な緑があることが望まれます。

最近では，学校の片隅に地域本来の自然の森をつくったり，あるいはビオトープをつくったりし

騒音や飛砂をやわらげる境界の樹木．鹿児島市東昌小学校

て緑を豊かにし，環境教育に活用している学校があります。

森づくりでは苗作り・植林・育林の過程で，ビオトープづくりでは生物が住み続けられるよう管理する過程などで，様々な困難があります。それに対応していく体験もまた，環境教育の一つです。このような体験は子どもたちの学習意欲を活性化させ，自分の住む環境を考える大きな契機となります。

学校は，子どもたちが成長期に過ごす時間が家庭以外では最も長い場所です。また，最も身近な自然環境でもあります。授業がつまらなくて外を見たとき，ツバメが虫をくわえて運んでいるのが目に留まったことが，その子にとって重要な経験になるかもしれません。

子どもたちは様々な経験を積んで大人になります。そして未来社会をつくり，支える重要な存在になります。子どもの感性をはぐくむ身近な学校の緑，自然は未来社会にとって大事なものです。地域全体で学校の緑について考えてほしいものです。

生き物を呼び寄せる池のある玉江小の築山（上）と，伊敷小の雑草園（下＊18）．鹿児島市

片隅に野菜園のある風景

第2章

# 山のみどり

# 照葉樹林の垂直分布

照葉樹林には主にシイ林，カシ林，タブ林などの森がありますが，それらの森の分布は気温，降水量，土壌の酸度，海からの距離等の影響を受けます。

標高が100m高くなると平均気温で0.6℃下がるといわれています。たとえば鹿児島市が18.6℃であれば，霧島の韓国岳（1700m）では8.4℃，屋久島でも，海岸部の尾之間の平均気温がほぼ20.2℃（1981～2010年）であれば，宮之浦岳山頂（1936m）では8.8℃と，ともに北海道東部と同じぐらいの気温になります。屋久島では，屋久島から北海道までの気温の変化を感じることができるのです。また，県最南端の与論島では年平均気温が22.8℃ですので，鹿児島県には22.8度の亜熱帯から8.5℃前後の冷温帯までの気候があることになります。

この気温の変化を受けて鹿児島県内の森林の分布も変わります。

県本土の海岸部には潮風に強いタブノキやヤブニッケイ，アコウが主となるタブ林が分布しています。平坦な場所も多く，耕作地や住宅地，市街地になっているため原生的な場所は失われていますが，それでも大隅半島には，直径1mを超えるタブノキからなる森が残っているところもあります。

潮風が強く乾燥が著しいところはハマヒサカキやシャリンバイ，トベラ，ヒメユズリハを中心とした風衝低木林ですが，ウバメガシ林やマルバニッケイ林などもあります。

タブノキ．湿潤で養分の多い立地に森をつくる

ヤブニッケイ

コジイ

アラカシ

潮風の影響が少なくなると，丘陵部の多くはスダジイが広く覆うシイ林になります。かつてはこのシイやマテバシイ，アラカシなどを伐って，薪や炭に利用していました。そのため，森の木の多くは根際から分かれて伸びています。鹿児島の平地周辺はスギの植林を除くと，このようなシイの二次林がほとんどです。

北薩地方や霧島周辺の内陸部になると，土がたまる場所では，イチイガシにコジイが混ざるイチイガシ林が現れます。どれもまっすぐに伸びて，中には柱などの建築材にとれるほどの木もあります。イチイガシ林やコジイ林の中には環境省の絶滅危惧植物になっているハナガガシ林も分布します。ハナガガシはサツマガシとも呼ばれ，カシ類の中では最も葉が細長いことからこの名がつきました。

川添いの急傾斜地はアラカシが覆うアラカシ林で，スダジイやマテバシイに似たシリブカガシも混じります。シリブカガシは秋から冬にかけて開花し，ブナ科の植物としては珍しい性質を持っています。川沿いの渓谷は湿度

スダジイ．尾根や斜面の上部など，やや乾燥した貧栄養の立地に群落をつくる

が高く，いろいろな着生植物があり，かつてはエビネやシュンランなどの地生のラン科植物も豊富にありました。

標高が 650m を超えると，ウラジロガシ，イスノキが増え，スダジイなども混じったイスノキ林が多くなります。さらに標高が増し 1000m 付近になると，アカガシが広く覆うアカガシ林が分布します。

1000m を超えると照葉樹にとっては冬の寒さが厳しくなり，ブナやミズナラなどの落葉樹林に変わっていきます。

このように，標高によって植生が異なる垂直分布があり，それに伴って昆虫をはじめとする生物にも多様な変化が表れます。自然の森が連続してあることで生物多様性が増しているのです。どういう植物種が森をつくっているか気にかけていると，そこに棲んでいる生物の世界が予想されます。

照葉樹林の特徴は，一年中厚い葉がついた樹木で上層が覆われていることです。林内は落葉樹林に比較して暗く，湿度も高く感じられます。気温が高いところでは階層構造も発達し，広い空間があるため多様な生物が棲みます。

よく照葉樹林は変化に乏しいといわれますが，そんなことはありません。とくにシイやマテバシイなどの花が一斉に咲く春は，花の香りとともに葉の色も日に日に変化します。そのため山肌は，黄緑～黄色～黄緑～緑～濃緑色へとうつろい，とても色彩豊かな季節なのです。

シリブカガシ

ウラジロガシ

ハナガガシ.
新芽が鋭くとがる.
樹高が 30m 近くまでのびる

イチイガシ.
ドングリはやや渋みがある．縄文時代の遺跡から，貯蔵されたものがしばしば出土する

スダジイの花と堅果.
花は独特の香りがあり，時季になると山全体を白く染める

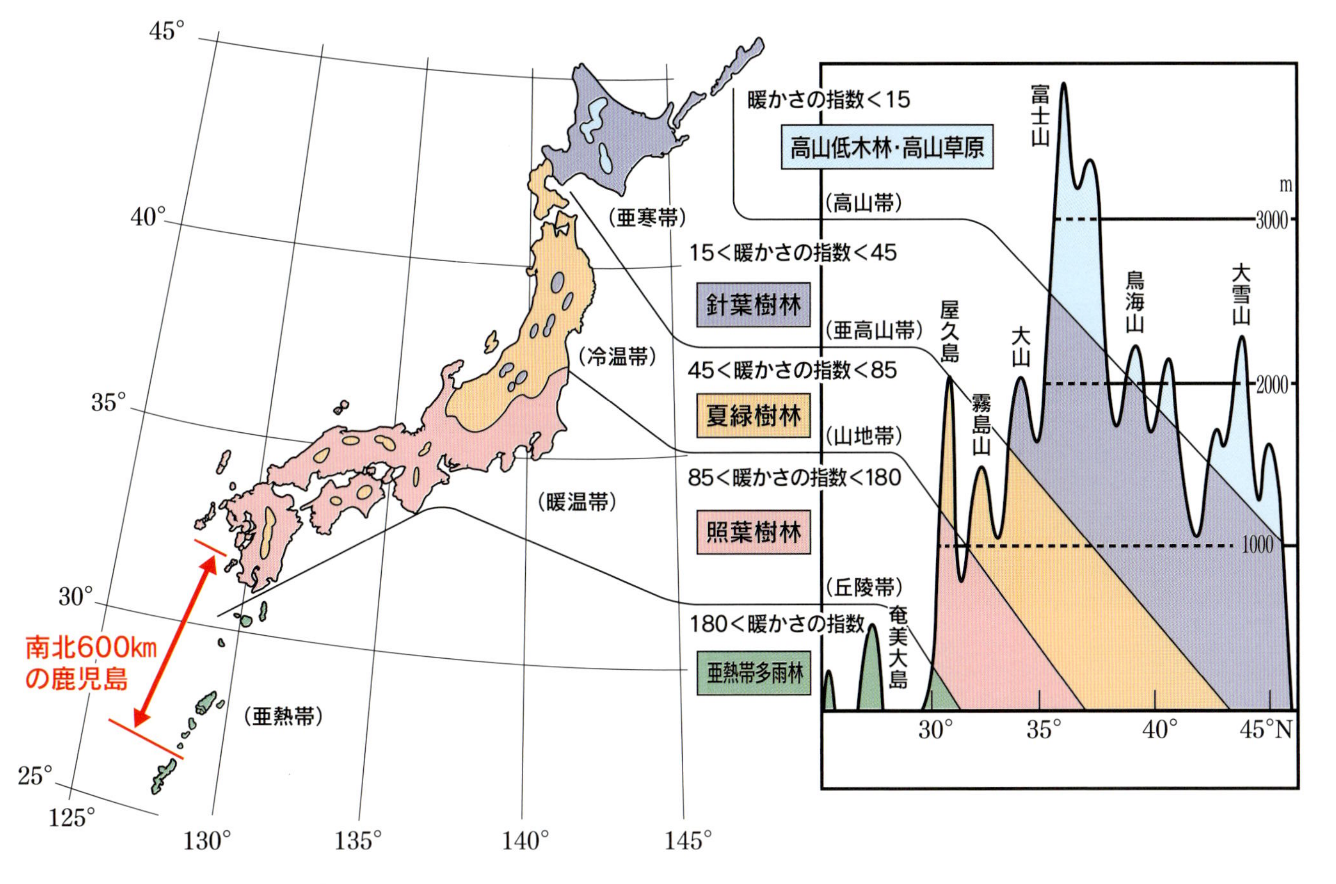


図1．植物の水平分布と垂直分布

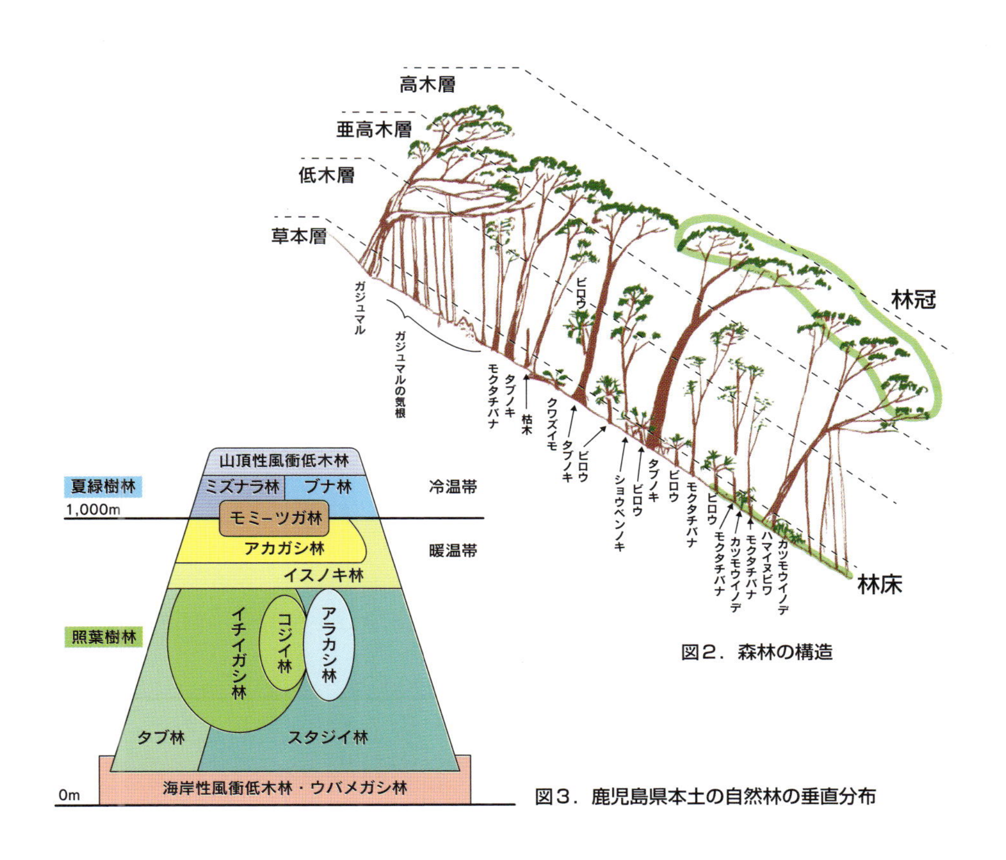

図２．森林の構造

図３．鹿児島県本土の自然林の垂直分布

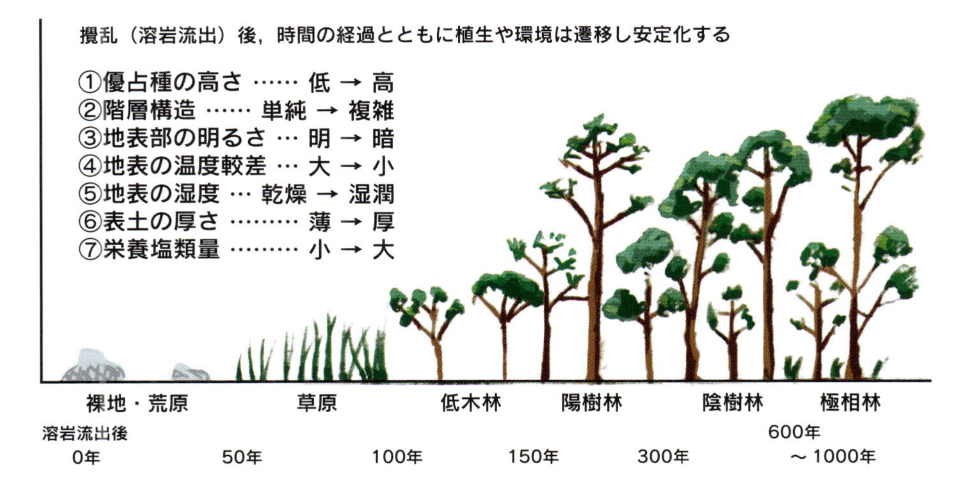

図４．植生の遷移と環境の変化（一次遷移）

# 鹿児島は照葉樹林のふるさと



### 照葉樹林とは

困難に直面したとき，あなたはどう対処しますか。果敢にその状況に立ち向かいますか，それとも嵐が過ぎるのをじっと待ちますか。

植物には，困難から身を守るため眠ったふりをする素晴らしい方法を身につけているものがいます。それが落葉樹です。葉を落として寒さや乾燥から身を守るのです。

一方，困難な環境でも必死に耐えて生きていくのが常緑樹です。がんばりきれない寒さがあると植物の細胞は凍って無残にも死んでしまうことがありますが，暖温帯では滅多にそんな寒さはなく，厳寒の日以外の日中は成長するのに十分な日差しに預かれます。

樹木で最も生命活動が活発で重要な部分は芽ですが，常緑樹の中には無防備なものがいて，そんな大切な芽を凍らせてしまうものがあります。ガジュマルやメヒルギなどの熱帯・亜熱帯性の常緑広葉樹です。

ところが常緑広葉樹の中にも，しっかりと寒さから芽を守るための仕組みを持つものがあります。それが照葉樹です。

その仕組みとは，鱗のようになって芽を包む芽鱗（がりん）と呼ばれるもの。この芽鱗をしっかり閉じて芽を外気に触れさせず，凍結を防止しているのです。春になって芽が出ると無用のものとなって芽鱗ははがれ落ち，その痕（芽鱗痕）が枝に刻まれます。じつは落葉樹も同様に芽鱗を持ち，凍結を防止しています。

芽鱗を持つ常緑広葉樹の葉は，表面に光を透過させ水や空気の浸透を防ぐクチクラ層が発達していて，てかてかと光っています。このため照葉樹と呼ばれるのです。

照葉樹には多様な植物種がありますが，日本で森の主要木となる代表的な科（グループ）は２つ。ドングリを持つブナ科と，鳥が好んで食べる果実を持つクスノキ科の植物です。

ブナ科では，スダジイ，コジイ，アカガシ，シラカシ，オキナワジイと呼

タブノキの芽鱗痕

タブノキの新葉

ばれるシイ類や，アラカシ，アマミアラカシ，イチイガシ，ツクバネガシ，ウラジロガシ，オキナワウラジロガシ，イチイガシ，ハナガガシ，ウバメガシなどのカシ類，そしてマテバシイ，シリブカガシなどのマテバシイ類などがあり，鹿児島はこれらの種がすべて生えている地域です。

また，クスノキ科ではタブノキの仲間だけでも，タブノキ，ヤブニッケイ，シロダモ，マルバニッケイ，シバニッケイ，イヌガシ，ホソバタブ，カゴノキなどたくさんの種があります。

この２つの科の照葉樹は，じつは沖縄から東北までの広い地域に分布し，森の主役となっているから驚きです。この地域は照葉樹林帯と呼ばれ，暖かさの指数が85を超える地域です。

暖かさの指数とは，植生の変化と気温との相関関係を表すための指標です。植物が光合成のできる温度を５℃

新芽が白く森を染める
スダジイ

開花１年目と２年目のマテバシイの花枝．スダジイ，マテバシイともドングリが成熟するまで１年半を要する．どちらも渋みがなく，そのまま食べられる

マテバシイ群落．葉が厚く覆い林内は暗くなる．根際はタコ足状になる

宝島のウバメガシ林．神聖な山である女神山の山頂付近に発達している．十島村

ウバメガシの堅果

とすると，5℃よりどの程度暖かいかを，1年間のうち月平均気温が5℃以上の月について，5℃との差を積み上げて数値化したものです。

暖かさの指数は，気候や植生を大局的に見るのに便利な数値です。指数が0～15であれば気候区分は寒帯（日本では高山帯）で，植生帯は寒地荒原（地衣類やコケ類，草本類に低木が混じる荒原），15～45であれば気候区分は亜寒帯で，植生帯は針葉樹林帯，45～85では冷温帯で夏緑樹林帯，85～180であれば気候帯は暖温帯で照葉樹林帯，180以上であれば気候区分は亜熱帯・熱帯で，亜熱帯性の照葉樹林ないし熱帯林となります。（P94，図1参照）

鹿児島には暖かさの指数が0～45のところはなく，標高が1000m以上のところに45～85の冷温帯が分布し，屋久島の低地部から南に180以上の亜熱帯が分布するほかは，85～180の暖温帯，照葉樹林帯なのです。

この暖かい地域の森に普通に見られる種がヤブツバキです。このため照葉樹林帯のことを‘ヤブツバキクラス’ということがあります。

日本では沖縄県から東北の海岸部まで分布していますが，世界的に見ると照葉樹林が生えているところは日本を含む東アジア一帯，アメリカのフロリダ半島付近の東部海岸部，ニューギニア，マカロネシア，中央及び南アメリカの温帯，亜熱帯，熱帯などで，主に大陸の東側に分布しています。

渓流辺に発達するホソバタブ林

### 照葉樹林のふるさと

さて，鹿児島は日本の照葉樹のふるさととといわれることがあります。

というのも，今から２万3000年前の最終氷期の寒冷期には地球の平均気温が７℃ほど低下し，現在は照葉樹林帯である大部分の地域が落葉広葉樹林帯になっていました。海水面も低下して種子島，屋久島は九州とつながり，広い平野ができていました。ところが，その平野には南から暖流の黒潮が当たり，暖かい環境が維持されていたのです。このため照葉樹たちは，わずかに残った暖かい場所に逃げ込むように集中して生えていたといわれています。

日本では，鹿児島の大隅半島から種子島・屋久島にかけてと，四国の足摺岬や室戸岬，本州の潮岬などのわずかな部分だけが照葉樹の逃げ場となったわけです。その後，温暖化が進み，照葉樹たちは北上していきました。

このため，日本で最も広い照葉樹林帯が残っていた鹿児島は，照葉樹林のふるさととといわれることがあるのです。

樹肌が鹿の子模様のカゴノキ

イヌガシの新芽．果実は黒熟する

タブノキの化石（種子島産）

シロダモの新芽は黄金色のビロード毛が密生する．果実は冬に赤く熟す

# 奄美の島々の森

## 奄美の森が豊かなわけ

奄美群島は低地部と丘陵部によって地質に違いがあります。ここでは大昔から，地球の温暖化や寒冷化に伴って陸地が水没したり，隆起したりしてきました。亜熱帯地域で温暖期に水没すると沿岸部にサンゴ礁がつくられ，それが寒冷化や地殻変動に伴って隆起して石灰岩となります。石灰岩は弱いアルカリ性土壌で，植物によっては成育が制限されます。

一方，丘陵部の地質は大陸棚の末端にある堆積土壌か，マグマの陥入があって隆起してできた花崗岩質のものであり，酸性土壌です。

奄美の森の特異性は，中緯度の亜熱帯地域にあって温暖で降水量が多いことです。世界では中緯度地方の多くが砂漠などの乾燥地帯であるのに対して，奄美は年間に 3000mm 近くの降水がある多雨地帯になっています。これは島々の西側を暖流の黒潮が通り，その周辺から絶えず発生する水蒸気が，600m を超える山塊に当たって雲となり大地に降り注ぐためです。

また，温暖であるということは，冬期に暖を取るための燃料を必要としないということです。他地域に比較して炭や薪の需要が少なく，また，奄美大島，徳之島にはハブがいることから不用意に森に入ることも少なかったようです。それ以上に，冬でも入れるサン

ケハダルリミノキ－スダジイ群集．オオタニワタリなどの着生植物やラン科植物，シダ植物など多様な種からなる

ゴの海があって魚介類も豊富だったおかげで，奄美では山に頼る度合いが他地域に比較すると少なくてすんだのでしょう。

このように地質に変化があり，黒潮の恵みを受け，さらには人の影響が少なかったために，奄美大島や徳之島は他地域に比べてはるかに高い自然度が保たれることとなったのです。

### 山の森

奄美群島の丘陵部の大部分を占める自然植生は，スダジイを優占種とする常緑広葉樹林で，奄美大島の常緑広葉樹林は，亜熱帯照葉樹林としては国内最大規模を誇ります。

琉球諸島のスダジイはドングリの大きさが大きく，昭和60年代まで，秋ともなれば‘奄美栗’の名で食料として市場で売られていました。

このスダジイのドングリは九州や本州のものと比較して大きいばかりでなく，皮がくっついていることで亜種オキナワジイとして取り扱われることもあります。

奄美大島や徳之島の山地は，標高400m以下の中腹部一帯の適潤地では，木の直径が60cmを超えるスダジイやイジュからなるケハダルリミノキ－スダジイ群集に属する群落で覆われています。

また，海風の直接当たらない山腹や谷沿いのより湿った山地では，ドングリが日本一大きいといわれ板根が発達した，巨木のオキナワウラジロガシが優占するオキナワウラジロガシ林が分布します。奄美大島では龍郷町の市里

亜種オキナワジイ

イジュ．ツバキ科で幹は高倉の柱などに利用された

板根が発達するオキナワウラジロガシ

ケハダルリミノキ

原，大和村の大和浜，奄美市住用町松長山，瀬戸内町節子などに点在し，徳之島には天城岳から犬田布岳まで広く見られます。根が地上に張り出し，板のように発達しているため，怪物が立っているように見えます。

海抜約400m以上のやや標高の高い湿潤な立地にはアマミテンナンショウ－スダジイ群集が発達し，奄美大島と徳之島の最高峰である湯湾岳（694.4m），および井之川岳（644.8m）の山頂部一帯には，風衝低木林であるタイミンタチバナ－ミヤマシロバイ群集が見られます。このように奄美の自然の森は，亜熱帯照葉樹林の中でも独特の垂直分布が見られます。

これらの森の中にはアマミノクロウサギやケナガネズミ，アマミトゲネズミやトクノシマトゲネズミ，イシカワガエルなどの希少な動物も生息しています。生物多様性がとくに高いホットスポットといわれる所以です。

このほか特別なシイ林として，沖永良部島の大山山頂付近にはアオバナハイノキ－スダジイ群集が分布しています。

ただ，これらの自然林は奄美大島の湯湾岳や住用川中流部，徳之島の三京などごく限られた地域でしか見られず，奄美大島で全体のわずか6.5％，徳之島では3.5％を占めているに過ぎません。

アマミテンナンショウ

今注目されている奄美大島，徳之島の森は亜熱帯性の照葉樹林が発達しているところで，自然林は少なくても，自然林に近い二次林が広く覆っている地域です。

奄美大島では昭和30年代以降，約7割の森林が伐採されましたが，その後は大規模な森林伐採があまり行われ

キノボリトカゲ

アマミノクロウサギ　＊19

イシカワガエル

オットンガエル

ギョクシンカ

リュウキュウマツ

ませんでした。伐採後放置されたところは二次林のギョクシンカ－スダジイ群集となりますが，年数を重ね，亜熱帯，多雨地域の回復力をもって二次林から自然林への回復途上にあり，現在では多様な植物相が形成されています。

森林伐採跡地でとくに陽当たりのよかった場所やリュウキュウマツの植林をしたところは，リュウキュウマツ群落になりました。リュウキュウマツ群落は，奄美大島では北部および外縁部で全体の 19.9％を，徳之島では中部から北部にかけて全体の 16.4％を占めていました。ところが近年，マツクイムシ被害によってリュウキュウマツは枯れ，下層にあったスダジイやアマミアラカシなどからなるギョクシンカ－スダジイ群集の二次林に遷移しつつあります。

このように奄美大島，徳之島では山地部の多くが，二次林のギョクシンカ－スダジイ群集となっています。

また，比較的新しい伐採跡地周辺には，アカメガシワやウラジロエノキなどを主とする落葉広葉樹林が見られるほか，過

ヒカゲヘゴ．木性シダの一つで，地すべりなどの攪乱があった河川沿いや渓流辺で群落をつくる

湿な斜面や谷状地には木生シダのヒカゲヘゴの群落が発達しています。

### 海岸の森

沿岸の風衝地には，シャリンバイ，アカテツ，ハマビワ，シバニッケイなどを主構成種とする風衝低木林が見られ，タイワンヤマツツジの優占度が高い群落も局所的に存在するほか，岩崖地にはソテツ群落が発達します。

奄美諸島以南ではサンゴ礁が発達しています。サンゴ礁は地殻変動によって隆起し，陸上に現れた隆起サンゴ礁は琉球石灰岩とも呼ばれます。琉球諸島の低地部はこの琉球石灰岩に覆われています。風化すると土質は弱いアルカリ性を示します。

そこにはアルカリ性にも耐えられるタブノキやアコウ，ホルトノキ，ガジュマル，ハマイヌビワ，アカテツ，クスノハガシワなどが生えます。これはタブ林の一型ともいえる常緑広葉樹林で，喜界島，徳之島南西部，沖永良部島，与論島の顕著な隆起サンゴ礁地帯で発達しています。

しかしながら，これらのほとんどが人の手が入った二次林です。低地部は人が住み集落を形成し，その周辺では広く農耕が行われているため，自然性の群落は奄美を含む琉球諸島にはほとんど出現しないのです。

ところがそんな中にも，神聖な場所として長い間人々が立ち入ることが少なかった徳之島の明眼(みょうがん)の森や義名山(ぎなやま)には，隆起サンゴ礁上に生えるブナ科植物のアマミアラカシ林が残っていて，世界的にも貴重な森となっています。

低地植生と海浜植生の接触する地域には，緑の濃いモンパノキ－クサトベラ群集，アダン群集，オオハマボウ群落などが帯状に発達し，各島で見られる小規模な砂浜では，ハマアズキ－グンバイヒルガオ群集，クロイワザサ－ハマゴウ群集，ツキイゲ群落などが見られます。

また，喜界島，徳之島南西部，沖永

海岸の風衝地に広がるアカテツ－ハマビワ群集

良部島，与論島などには隆起サンゴ礁からなる海岸が存在し，モクビャッコウ－ウコンイソマツ群集，ミズガンピ群落，ソナレムグラ－コウライシバ群集，ハリツルマサキ－テンノウメ群集が隆起サンゴ礁特有の群落を形成しています。それが砂丘地と同様，モンパノキ－クサトベラ群集，アダン群集などにつながり，特有の景観を形成しています。

奄美大島ではこのほか，入り江となった河口の泥湿地にメヒルギやオヒルギを主とするマングローブ林（通常の潮汐で浸かる森）が発達しています。そしてその周辺には，サキシマスオウノキ，オオハマボウ，イボタクサギ，オキナワキョウチクトウ等からなる半マングローブ林（バックマングローブとも呼ばれ，通常の干満では潮汐に浸からない森）も発達しています。

モンパノキ－クサトベラ群集

モンパノキ．花が多く虫たちを呼び寄せる

ツキイゲ

トベラ．果実ははじけて異臭を放つ

サキシマスオウノキ

防潮林にもなるアダン

# 照葉の森の異変

夏になって，次々と大きな照葉樹が枯れるのを目のあたりにしたことはありませんか。

それはカシノナガキクイムシによるもの（カシナガ被害）と思って間違いないでしょう。カシノナガキクイムシは体長 4mm 前後のキクイムシ科の昆虫で，雌の背中には自分で養殖して食べるカビ（ナラ菌）を蓄えている部屋があります。この小さな虫が大木を次々と倒して森を変えているのです。

6 月頃，枯木から羽化した雄が，直径 25cm 以上もある大きな木々にアタックして穴を開けると，フラスという木くずの集まりができます。その後、雄はゴキブリのように集合フェロモンを出して他の雄を次々と呼び寄せ，1 本の木に数十～数百にもなる穴を開けます。次いで，それらの雄が今度は雌を呼び寄せて交尾し，雌は穴の中に産卵するとともに，幼虫のえさとなるナラ菌をばらまきます。ナラ菌は，繁殖して菌糸を伸ばすと樹木の通道組織に害を及ぼすことがあります。すると樹木は水を葉まで吸い上げることができなくなり，雄の一斉攻撃からわずか 1 ～ 1.5 カ月で枯れてしまいます。

孵化した幼虫は穴を掘り，さらにナラ菌を奥深く送り込んで材を分解し，増えたナラ菌を食べて成長します。こうして 1 年後の翌 6 月頃から，幼虫は羽を持った成虫となって枯木を飛び出し，1 本の木から数千～数万の虫が飛び出すといわれています。

さて，カシノナガキクイムシが攻撃する木は，主にブナ以外のブナ科植物（ドングリをつけるグループ）です。金峰山や屋久島，薩摩川内市入来付近では主にマテバシイが，霧島ではアカガシが標的にされてきました。ところが 2010 年には，これまで発生が目立たなかった鹿児島市内にも大量に枯木が発生しました。このとき森の

カシナガ被害で枯れたスダジイ

スダジイに侵入するカシノナガキクイムシ

中に入って調べてみると，主にスダジイで被害が見られ，次いでアラカシ，マテバシイで，そして数は少ないながらイチイガシも混じっていました。

カシノナガキクイムシの攻撃は，ブナ科植物に限定されているわけでありません。大きな木であればタブノキなどにも攻撃がありますが，タブノキは枯れることはほとんどありません。ブナ科植物でも，樹肌が白く見えるマテバシイは，攻撃を受けても枯れるものと枯れないものがあります。枯れていないものでも，攻撃を受けた穴から樹液のしずくが流れた跡が黒くなって見えるものがあります。どうやら，樹液を吹き出す力が強いものは取りつかれても枯れないようです。

カシノナガキクイムシは常緑樹だけでなく落葉樹にも取りつきます。コナラやミズナラでは被害は深刻です。カブトムシなどが集まるクヌギも同じくブナ科ですが，カシノナガキクイムシによって枯れる個体は多くはありません。生命活動が強く，樹液を吹き出すような木々では被害が少ないといわれています。

さて，大木が枯れ，景観が変わるほどの被害をもたらすカシノナガキクイムシですが，そのことによってブナ科植物が全滅することはありません。というのも，ブナ科の樹木は根際や中途から芽を出（萌芽）し，次の世代の樹木として伸びる力があるからです。このため，ナラ枯れは自然の移り変わり（天然更新）の一つと考えられています。複雑な生態系を持つ大きな森では心配がないという人もいます。

ところが，ちょっと心配な事態もあります。鹿児島市内ではシラス台地の上下に住宅地があり，その台地の急峻な法面にスダジイの二次林やマテバシイ林がわずかに残っていますが，それらが今，被害に遭っているのです。これらの森はかつての里山で，プロパンガスが普及するまでは貴重な燃料の森となっていました。近年は伐採されることなく放置され，50 年以上経た今，カシノナガキクイムシが利用する大きさにまで成長してしまったのです。

かつて里山の木々は 15 年ぐらいのサイクルで伐採されていました。木が小さかった頃には考えられなかった被害が発生しているのです。緑が豊かになったために起こった皮肉な現象です。

急峻な斜面に生えるスダジイやマテ

樹液を出して抗い，生き残ったマテバシイ

バシイの大きな木々が枯れると，その下にある道路や住宅に木が落ちてきたり，枯れた木の根っこから雨水が地下に浸透し，豪雨時に崖崩れを起こしたりする懸念があります。また，せっかく帰ってきた豊かな自然をもつ森の生態系が再び単純化することや，深い緑が消え，落ち着いた景観が失われることも問題です。

ところで現在，日本各地でシカが増え，食害が問題になってきています。鹿児島では屋久島や臥蛇(がじゃ)島，紫尾山，霧島などが深刻です。その屋久島の西部林道周辺で2005年頃，マテバシイやウバメガシを中心にカシナガ被害が深刻化しました。1年で治まらず，場所を変えてパッチ状に発生しました。シカが多くてほとんど林床に植物が生えていないところですので，マテバシイやシイ，ウバメガシなどがカシナガ被害によって根際から萌芽を起こすと，シカがまたその新芽を食べてしまい，ブナ科植物に深刻な打撃を与えています。

このようなカシノナガキクイムシの被害は江戸時代から記録され，近年は鹿児島だけでなく全国的に広がっています。とくに東北では，落葉樹のミズナラなどのナラ枯れ被害が深刻です。被害が沈静化し，生態系が安定化することを願わざるを得ません。

カシノナガキクイムシで枯れた木

攻撃を受けたカシワ

穴をあけ掘り出されたスダジイの木くず（フラス）

金峰山では中腹以上の尾根を中心に自然林が残るが，大きなスダジイ，
アカガシ，マテバシイなどに取りつき枯れが広がった．南さつま市

炭焼きが行われなくなった黒島では，大きくなったスダジイを中心に狙われ
広範囲に枯れが広がった

# 南限のブナ林

秋になると，なんだここにあったのかと分かる落葉樹。紅葉の季節になるまで，落葉樹だと気に留めることはほとんどありません。

鹿児島の落葉樹は，1000m を超える山岳部や低い山では谷筋や川の縁，伐採や土砂崩れなどの起こったところに，平地では道路沿い，海岸などに多く見られます。落葉樹には冷涼なところに生えるものと，自然の攪乱が起こったところに生えるものの２つのグループがあるのです。

標高の高いところに生える落葉樹で代表的なものが，ドングリをつけるブナ。高さが 30m にも達する高木ですが，鹿児島では山頂付近の風の強いところに生えるため，20m になるものはほとんどありません。でも，幹の太さが 70cm を超える大径木があり，降雪時の山中ではひときわ威厳を持って立つ姿が印象的です。幹はたいてい灰色っぽい色で，白い模様に見えるのは地衣類が付いているところです。これもまた美しく気品が感じられます。

ブナは，南は鹿児島から，北は北海道の黒松内町まで分布していて，鹿児島は生育の南限地にあたります。

日本のブナ林は，その森に生える植物の種類によって２つのグループに分けられます。スズタケ等を含む降雪の少ない地域にある太平洋型と，チシマザサ等を含む降雪の多い環境に適応した日本海型です。鹿児島は両方の海に面していますが，森はスズタケを含

紫尾山のブナ林．白いテープが巻かれているのがブナ．低木や亜高木は少ない

み降雪量も少ないので太平洋型に分類されます。

県北部にある紫尾山（しびさん）のブナ林を調査してみました。高木層はブナ1種が占有することが多く，亜高木層にはタンナサワフタギ，シラキ，ヤマボウシ，イヌシデなどの落葉樹の亜高木や，シロダモ，シキミ，アカガシなどの常緑樹も混じっています。

低木の中にはシロモジのほか，オトコヨウゾメ，ドウダンツツジ，ウリハダカエデなどが，草本層にはツクシガシワやコミヤマカタバミ，ミヤマタニソバ，ナツトウダイといった絶滅危惧植物なども生えていて，平地では見られない植物をふんだんに見ることができます。とはいうものの，草本層はシカの食害が著しく，植物がほとんど見つかりません。その中で，シカが避ける有毒成分を持つヒメテンナンショウやマツカゼソウ，ツクシガシワなどが群落をつくることもあり，これにもなるほどと驚きます。

さて，鹿児島のブナ林は太平洋型といっても標高1000mから平地まで環境が様々なため，生えている植物もアカガシやウラジロガ

ブナ

ブナの青い果実

ブナの堅果

ヤマボウシは長く花（ガク）が残り，果実は食べられる

タンナサワフタギ

シロモジの
果実と花



シ，シキミ，ハイノキなど常緑樹が混じり独特です。

氷河期には，ブナは鹿児島でも低地部まで生えていましたが，温暖化とともに消滅し，高い標高のものだけになりました。そしてさらに，ウラジロガシやアカガシなどの高木の照葉樹が進出して山頂付近に追いやられ，まさに崖っぷちの森になってしまいました。

また，九州で一番高い屋久島にブナはなく，県本土の紫尾山，霧島山，高隈山の３地域だけに森があります。種子島にはブナの一種の化石があることから，現在，屋久島に成育していないのは約 7300 年前，鬼界カルデラの爆発による火砕流で消えたものと説明されます。その後，大隅海峡と種子島海峡で隔てられたまま九州島とつながることがなかったため，ドングリで増えるブナは渡ることができなかったと考えられています。

さて，鹿児島のブナ林には，ほかにもおもしろいことがあります。

紫尾山は電波塔があって山頂まで車で行ける山で，じっくりブナの林を見るにはおすすめのところです。山頂部の電波塔のあるところから南側に延びる尾根部に，ブナの林が続きます。また南限の高隈山では，大篦柄岳（おおのがらだけ）～横岳に続く稜線の北～西向き斜面のわずかな部分に見られます。どちらの山も北を向いた面だけにブナは生え，頂上部はアカガシが混じり，南斜面ではブナはほとんど見あたりません。ブナは冷涼で湿潤な環境を好む樹木で，南斜面は乾燥が強くなるためと考えられます。

秋，ここのブナが尾根に沿って紅葉した様は見事です。また冬から春にかけての，北・西側が落葉して茶色に，南・東側が緑色に埋まっている光景は，これが鹿児島の山なんだと実感します。

おもしろい話をもう一つ。

北海道のブナの葉と鹿児島のブナの葉を比較すると，どうでしょう。北のブナの葉は薄くて広く，鹿児島のものの３倍近くの広さになっています。同様の傾向はブナだけでなく，ミズナラやカシワなどにも見られます。これは，北に行くほど日差しが弱くなるため。樹木が生長するには受光する面積を増やした方がよく，一方，南の方では葉を厚くした方が，光を効率よく利用できるからだと考えられます。

そんな特徴ある鹿児島のブナに，絶滅の危機が予想されています。

ブナのドングリを調べてみると，中に実が入っていない‘しいな’の割合が高いのです。鹿児島では，平年はドングリのなる量は少ないのですが，雪の量が多かった翌年は花付きがよく，ドングリもたくさんできます。でもやはり‘しいな’ばかりです。次の世代が心配です。

鹿児島の森を調べてみると，高木層はブナで覆われているのに亜高木層では少なく，低木層にはほとんどありません。実生も，シカの影響もありますが，ほとんど見つけられません。このまま温暖化が深刻になると，鹿児島からブナが絶滅するかもしれません。

ブナの林の中はシイ林やタブ林などの照葉樹林に比べて明るく，晴れた日はさわやかな気分にしてくれます。

今，精いっぱい生きている鹿児島の貴重なブナ林を探しにいきませんか。

シカも食べないツクシガシワ

アカガシ

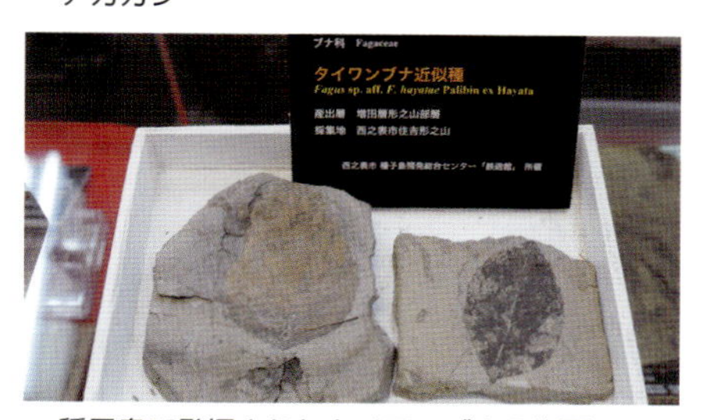


種子島で発掘されたタイワンブナの化石

ブナの紅葉

高隈山では稜線の北西側（左）にブナが，南東側（右）にアカガシが多い

# 身近だった　パイオニア植物

標高の低いところにも生える落葉樹の中には，アカメガシワやネムノキのように，自然や人の影響によって土地が変わったところに真っ先に入り込んで緑を回復させる樹木があります。

このような植物を先駆植物＝パイオニア植物と呼んでいます（ススキなどの草本種も多い）。パイオニアには開拓者，先駆け，すなわち荒れたところを豊かなものに変えるという意味があります。樹木種ではクロマツのような常緑樹もありますが，ほとんどが落葉樹。光をさえぎる木々がない裸地ですので，強い光をいっぱい受けて成長が早い樹木種です。秋には葉の色が変わり落葉するため，森の中での所在がはっきりと分かります。

成長が早いのは光合成量が多いからなのですが，その分呼吸量も多く，逆に受光量が少ない冬季は効率が悪く，また凍結の心配もあります。このため，夏季に貯まった老廃物とともに，あらかじめ葉を落としておいた方が得策というわけです。

パイオニア植物にはいろいろな樹木種があります。20m 近くまで成長するカラスザンショウ，ネムノキなどや，伸びてもせいぜい 3m 前後のウツギなど。とげを身にまとう植物が多いのも特徴です。

土地の変化が起こった場所は強い光を求めて競争が厳しく，蔓植物なども多いところです。蔓植物は他の樹木に巻きついて効率よく高い位置につき，光を奪い，時には枯らすこともあるならず者です。パイオニア植物のとげは，ならず者の巻きつけから身を守るために役立ちます。また，餌を求めてやってくるシカやウサギなどの草食動物から身を守るのにも役立っています。ジャケツイバラやカラスザンショウ，ハリギリ，サンショウなどのとげはびっ

道路法面にいち早く生えるアカメガシワーカラスザンショウ群落

アカメガシワの花枝

アカメガシワの果実

くりするほど鋭くとがっています。

さて成長の早いパイオニア種の材は，密度が小さく軽いものがほとんどです。その代表に，キリと名がつく植物があります。イイギリ(イイギリ科)，アブラギリ（トウダイグサ科)，ハスノハギリ（ハスノハギリ科)，アオギリ（アオイ科)，ハリギリ（ウコギ科)，キリ（ゴマノハグサ科）などです。植物としての類縁関係はありませんが，いずれも葉が広く成長が早いため下駄や家具材などに使われ，人々に重宝されました。

パイオニア植物の中でもそれほど大きくならない樹木種があります。クサギやゴンズイ，キブシ，コガクウツギなどです。この中には幹の中心部(髄)に白いスポンジ状のものが詰まっていたり，中空になっているものがあるこ

種子から油を採るために中国から入ったアブラギリ

ハリギリ

ジャケツイバラ

カラスザンショウ．トゲがミツバアケビなどの絡みつきを抑制する

畑や林縁でよく見るクサギ

枝で髄抜き遊びができるキブシの花（左）と果実

ガクが赤いゴンズイ

ウツギ．卯の花とも呼ばれる

葉が青白く光るコガクウツギ

とから，ウツギ（空木）と呼ばれています。ウツギ，コガクウツギ（コンテリギ），ニシキウツギ，ツクシヤブウツギ，コフジウツギ，コツクバネウツギなど，いずれも低木で花が美しく花期が長いため，古くから人々に親しまれてきました。

パイオニア種には人が増やした厄介者もあります。ハゼノキです。ハゼノキの実はろうそくに使われる蝋成分をたっぷり含みます。もともと日本にあったヤマハゼやヤマウルシにも含まれるのですが，ハゼノキの方が量が多く質がよいのです。そこで，薩摩藩は琉球を経由して中国のものを取り寄せ，藩命で栽培させました。その結果，薩摩藩の作った和蝋燭は品質がよく，幕末期には藩の財政に大きく寄与するほどの産物となり，1867年に行われたパリの万国博覧会でも好評を博しました。ハゼノキは「サツマノミ（薩摩の実)」とも呼ばれています。

ところがこの木は，樹液に含まれる成分によってかぶれてしまう「はぜまけ」を起こすことが多く，厄介者扱いされていました。藩の支配がなくなった版籍奉還後，自由に農作物を作ることができることを知った農民はすぐにハゼノキを切り倒しました。

その後，生活の変化でろうそくの需要が激減し，ハゼノキはほとんど利用されることがなくなりました。けれど，かつて栽培されていた植物の子孫が，今もあちこちの里山に繁茂しています。

ハゼノキの実は栄養が高く，ヒヨドリなどの大好物です。鳥が食べた不消化の種子は糞に混じり，行く先々で厄介者爆弾となって落とされるのです。でも，この爆弾はすぐに破裂するわけではなく，光が当たらないと破裂しません。落ちた場所が伐採されていたり，土砂崩れなどがあったりする明るいところだと，運よく芽が出て増えていくのです。

さて，この厄介者たちが輝く季節があります。鹿児島の低地部で一番鮮やかに紅葉するのがハゼノキなのです。この鮮紅色の山肌を見つけたら，そこはかつて伐採や土砂崩れなどが起こった場所で，今，パイオニア植物が緑を回復させている段階だと思って間違いありません。

ハゼノキの果実

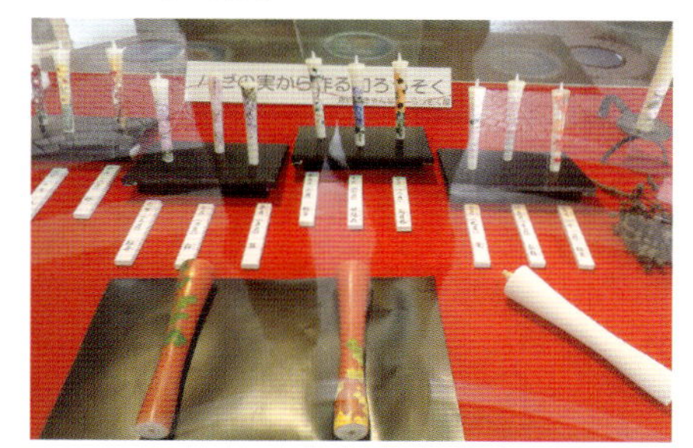

和ろうそく

ハゼノキの紅葉

牛に食べられることもなく，牧場の日陰木となったカラスザンショウ

# 春の妖精　落葉樹林にあらわる

あなたは春にしか現れない妖精を見たことがありますか。妖精はおとぎの国ばかりでなく，この鹿児島にもいるのです。でも詳しい場所を教えるのは差し控えたいと思います。というのも，その美しさのせいで盗賊に襲われるかもしれないから。

妖精は木の葉のない森に，春に先駆けて現れ，３月中旬には美しい姿を見せます。花びらで春の明るい光をかき集め，あたりをひときわ明るく暖かくしてくれます。

妖精がハチたちに「ここにおいで」とささやくと，ハチたちは甘い蜜に惑わされ花粉を運んで，知らないうちに妖精の子づくりの手伝いをさせられます。

美しいからといって，決して食べてはいけません。キンポウゲやケシの仲間は体に毒を持っていますから。

さて，美しいものの命ははかなく短いもの。６月ともなると跡形もなく消えてしまいます。その姿を惜しんで春の妖精‘スプリング・エフェメラル’と呼んでいるのです。鹿児島の春の妖精はミチノクフクジュソウやジロボウエンゴサク，ムラサキケマンなど，ごくわずかな種です。

妖精ははかなく見えますが，じつはかなりしたたかです。

妖精のすみかは落葉樹林内。２～３月の頃はまだ冷たいですが，日差しは強くなっています。彼らはいち早く目覚めて葉を地表に広げ,光を受けます。４月の中旬頃までは，落葉樹林の葉は開かず光を独占して，それまでに花を咲かせておきます。５月になって木々の若葉が光を遮るようになると種子を

妖精たちは落ち葉の上に集う

つくり終え，養分を地中の根に送り込んで，休む準備をします。

妖精のすみかは，鹿児島では人の暮らしと関係します。鹿児島では標高が1000m以上に落葉樹林帯がありますが，妖精はこれよりずっと低い常緑広葉樹林帯に住んでいます。そこは椎茸のホダギや，炭や薪を取るために植えたクヌギ林や，野焼きを行う牧場で，いわゆる里山。定期的に人の手が入り，もともとは常緑樹林であったものから落葉樹林に変わっていった場所です。その場所はまた，斜面の方向も南・東面ではなく，陽当たりが悪く夏場の乾燥を免れる北西を向いています。

今，妖精のいる場所は，奇跡的に残っている場所といって差し支えありません。定期的に伐採したり野焼きをしたりして人が手を入れないと常緑樹林にもどり，年中暗い森になって，妖精は幽霊に変わるかもしれません。妖精の保護には人の手が必要なのです。

鹿児島県は条例で，ミチノクフクジュソウを「指定野生動植物の種」に指定して，採集を禁じています。

ジロボウエンゴサク

ミチノクフクジュソウ

妖精がすむ落葉樹林

まばゆい春の妖精フクジュソウ属

# びっくり　ヒガンバナ

何の痕跡もなかった田んぼの畦に，数日のうちに，一面に赤い花火が燃えさかる。それも毎年同じ，秋のお彼岸の頃。

ヒガンバナは「花見ず葉見ず」といって，花が咲く頃に葉はなく，葉が繁る冬には花はありません。春，他の植物が勢いづく頃に枯れ，夏には痕跡もありません。どうしてこんな生活をするのでしょう。

草本植物は普通，春から夏の間に生え，冬には消えますが，夏には葉がなく，冬に栄える植物があります。冬緑性の植物です。落葉樹の下に生える植物の中に，このような性質を持った植物がいます。夏場は落葉樹に光を遮られますが，冬場に裸の落葉樹の下で，葉を地表に這うように広げ光をもらうのです。樹木の葉が繁る夏は林床が陰になるため成長をあきらめ，一般には成長できないと思われる冬，地表面に葉を這わせて低温に耐え，明るい林床で光を多く浴びる道を選んだ，いわゆる隙間植物です。

鹿児島にも，ヒガンバナの仲間のキツネノカミソリやオオキツネノカミソリなどが自生しています。8月中旬から9月にかけて，暗い森の中に橙色の明るい花が咲き誇ります。

さてヒガンバナは，日本では東北地方から沖縄県まで分布しますが，人里やその近くにしか生えていません。人の手で運ばれた植物ということが考えられます。この植物の遺伝子を調べてみると，ほとんど同一です。すなわちクローン植物ということが分かっています。そのため，ほぼ日本全国同時期に開花するのでしょう。

日本ではしばしばアゲハチョウなどの派手な蝶が蜜を吸いにきますが，花粉が運ばれても受精することはなく，種子はできません。アゲハチョウがどんなにがんばっても増やすことはできないのです。染色体を見ると3倍体植物で，シャガなどと同じく地下茎（球根も含む）で増えるしかありません。中国には3倍体のものだけでなく花が咲いた後に種子をつくって増えるものもあることから，原産地は中国で，そこの落葉樹林帯で生まれたものが日本に伝わったと考えられます。

ヒガンバナは地方名が格段に多く，500を超える名前があります。曼珠沙華，袈裟花，天上花，地獄花，提灯花，死人花，墓場花，毒花，袈裟掛け，勲章花，花火花，狐の松明，葬蓮花，幽

山神の碑近くに植えられたヒガンバナ

ヒガンバナ　＊11

田の畔に群生するヒガンバナ

霊花，手腐れ花…。

鹿児島でも，袈裟花（大口市），地獄花（ジゴッバナ／加世田市，日吉町，肝属郡），提灯花（チョチンバナ／加世田市），土人花（ドジンバナ，ドズンバナ，ドズッナ／加世田市，川辺町），苦草（ニガクサ／宮之城町）などと呼ばれていました（すべて旧地名）。

花が派手できれいで身近で，子どもたちの遊びにも使われました。そんなことから，花の形や遊び，生活にちなむ名前もあります。しかしそれ以上に，死人花とか幽霊花などといった忌まわしい名前が多いのです。なぜでしょう。じつは，これには訳があります。

この花の球根にはリコニンという強い毒があるのですが，その一方で良質のデンプンを含みます。リコニンは水に溶けるため，水にさらすと無毒化します。縄文人が灰汁の強いドングリを食べていたように，ヒガンバナの球根も食べられるようになります。これを飢饉時の救荒植物として利用するため，ひどい名前を付けたのだとわれています。忌まわしい名前を付けて普段は手を付けず，時には放り捨て，その結果，成長・繁殖させたのでしょう。植えられている場所が墓場とか水田の畔が中心なのも，それを示しているのかもしれません。

ただ，田んぼの畔にぎっしりと並んで生えていることには異論もあり，田んぼの水が，モグラが開けた穴によって流出しないよう，毒があってモグラが避けるヒガンバナを植えているのだという人もいます。

太い球根をびっしりと付けるヒガンバナ

おしべが花びらより前に出る
オオキツネノカミソリ

# 巧みなパラサイト植物

どの生きものも必死に生きています。植物は少しでも強い光を得られるように，茎や幹を丈夫にして高く伸びようとします。

ところが，光を得るための可能性を探る中で，他の植物に寄りかかって生きる道を選んだ植物もいます。自分以外の植物の枝や葉に絡みついたり，幹をよじ登ったりして伸びる蔓植物です。

この蔓植物の中に，絡みついたところから相手の養分を吸い取る，とんでもない種がいます。

「パラサイト」。寄生植物です。

種子島から南の海岸に，スナヅル（クスノキ科）という葉もなく茎だけの植物がいます。ハマオモトやグンバイヒルガオなどの草だけでなく，ハマゴウやクサトベラなどの木にも絡みつき，絡んだ茎から根を出して養分を吸収しています。絡まれた草は枯れてしまうこともしばしばです。植物が植物を襲うなんてすごいですね。

大隅半島や薩摩半島の一部の海岸部でも，スナヅルに似たアメリカネナシカズラ（ヒルガオ科）が，ケカモノハシやハマゴウに巻きついて猛威をふるっています。別府川の河口部や錦江町の鳥浜海岸などでは，遠くから見ると茶黄色の布が砂浜にかぶさっているような光景に出くわすこともありました。

海岸部だけではありません。内陸部ではネナシカズラ（ヒルガオ科）が草本植物，樹木を問わず寄生しています。研究者によると，ネナシカズラは寄生する植物種を選びません。種子が発芽するとすぐに伸びて糸状の植物体が鎌首を持ち上げて立ち上がり，寄生する植物を探してぐるぐると根を大地に付けて回転し，接触した植物体に巻きつきます。そして巻きついたところから根を出して宿主の体に侵入し，養分を吸収していくのです。

寄生植物は蔓植物だけではありません。木の上（枝）で芽生え，幹から養分を取るものもいます。ヤドリギ，ヒノキバヤドリギ，オオバヤドリギなどの宿り木の仲間です。

ソテツに寄生したスナヅル

クズに寄生したネナシカズラ

ナンバンギセル

ヤドリギはエノキやムクノキ，ミズナラなどの落葉樹にとりつきます。夏場は気づきにくいですが，冬になると落葉した木に鳥の巣があるように見えるので分かります。このヤドリギは鳥を巧みに利用しています。おいしそうな果実を鳥が食べると，種子は糞として出されるとき肛門にチューインガムのようにぶら下がり，鳥が木に止まると枝にくっついて,そこで発芽します。

一方，葉が退化し，茎に葉緑体があるヒノキバヤドリギは，ツバキやサザンカ，ネズミモチ，クロキなど低木の常緑樹に寄生しています。実の中には1個の種子が入っていて，熟すと果皮を破って飛び出し，粘着物でまわりの枝にくっついて発芽し，宿主に寄生します。

根に寄生する植物もいます。ススキやオギ，サトウキビなどのイネ科植物に付くナンバンギセル，カワラヨモギに付くハマウツボ，ネズミモチやトベラに付くキイレツチトリモチ，スダジイに付くヤッコソウなどです。襲われた植物はやせ細り，ついには枯れることもあります。

これらの植物は周辺の様子と違って，おかしな形をした葉っぱやきれいな花をつけることが多く，見当をつけて観察すると，身近な場所でも見つけることができるかもしれません。

ハマウツボ

ヤドリギ

エノキとヤドリギ

常緑樹にも寄生するオオバヤドリギ

サザンカに寄生したヒノキバヤドリギ

# 天然記念物キイレツチトリモチ

緑色植物は，根から吸収した水と葉から取り入れた二酸化炭素を原料に，太陽の光エネルギーを使って光合成をし，せっせと栄養分や自分の体の成分を作っています。

一方,寄生植物＝パラサイト植物は,この緑色植物にとりついて栄養分を吸収します。

その寄生の仕方は様々で，光合成一つを取っても，ツチトリモチやヤッコソウのように全く葉緑素を持たずすべての栄養を他の植物に頼るものもあれば，ヤドリギのように緑色の葉を持ち光合成もしながら養分を横取りする，半寄生植物と呼ばれるものもいます。

ツチトリモチの仲間は，県内にはツチトリモチ，ミヤマツチトリモチ，キイレツチトリモチ，オオスミツチトリモチ，ヤクシマツチトリモチなど多数あり，特定の地域で特定の植物の根に寄生します。

このうちキイレツチトリモチは，明治 43 年（1910 年），喜入小学校（現鹿児島市）の後背の森で，当時，同校の教員であった山口静吾氏が発見し，牧野富太郎博士によって命名されました。一年生植物で，種子から芽生えたものがトベラやネズミモチ，時にはシャリンバイなどの海岸性風衝低木の細根にとりついて養分を吸収し，宿主に寄生する根の部分は肥大化して塊状になります。

11 月から 1 月にかけて突然，淡い黄色の花穂が地表に現れます。花穂には泡粒状の雌花が多数集合し，その中に点々と雄花がつきます。雄花には花びらが 3 枚あります。茎には，退化して痕跡となった淡い黄色の葉が 5 枚ほどつきます。

キイレツチトリモチ

ツチトリモチ

オオスミツチトリモチ

リュウキュウツチトリモチ

キイレツチトリモチ．肥大した根と発生終期

ヤクシマツチトリモチ

このキイレツチトリモチは珍しい形態や生態を持ち学術的に価値が高いということで，大正10年（1921年）に鹿児島市吉野町磯の生育地が全国で1カ所，国の天然記念物に指定されています。日本の天然記念物としては2回目の指定であり，当時は最も珍しい植物の一つであったようです。

さてこの指定地，発見地の喜入がふさわしかったかもしれないのですが，実際にはよく発生していたと思われる鹿児島市吉野町磯に指定されました。そこは海が直近にあり，当時は畑を含む急峻な崖で石切り場跡でした。崖面や畔は薪をとるために切り払われ，寄主となるネズミモチやトベラ，シャリンバイの多い低木林だったようです。キイレツチトリモチが安定的に生えるための，潮風が入り込む乾燥した里山的な環境がそこにはあったのです。

指定から約100年後の今，毎年発生数について調査していますが，その数は激減しています。

環境が変わったのです。それまで薪採りのために絶えず伐採されていた里山が今は放置され，樹木は伸び放題。森は密閉されて潮風は入り込まず，湿潤な環境になりました。わずかに潮風が入り連続的に発生してきたところも，イノシシがミミズなどの餌を求めて掘り返すものですから，ますます発生しなくなりました。イノシシはかつて人里ではほとんど見ることはなかった動物ですが，ハンターがいなくなって，今は磯の山でもしばしば見かけるようになっています。

このように日本の産業構造が変わった影響で大きく自然も変わり，キイレツチトリモチ発生地にも大きな変化が訪れ，消滅の危機が迫っています。

イノシシの掘り起こした跡

伐採されず巨木林となった発生地

# 森を守るクズ



夏の終わりの９月頃，森の縁や川の縁などを歩くと，濃い紫の花から甘い花の香りが漂ってきます。目をこらすと広い葉の下に，房になった紫色のたくさんの花が見えます。クズです。

クズ（葛）は秋の七草の一つとして親しまれてきた植物ですが、クズは屑に通じ，ありがたくない負のイメージもあります。

クズはマメ科植物で，根粒菌と共生してタンパク質を生産し，急激に成長します。年間に 10m ほども強靭な蔓を伸ばし，樹木に巻きついて林冠を覆い尽くし，樹木の成長を阻害することもあります。

クズは，鹿児島県内ではカンネカズラ，カンネンカズラなどと呼ばれていました。私たちの生活の中で，衣・食・住を支える身近な植物で，県内をはじめ全国でも重宝な植物でした。

タンパク分の多いクズの茎葉は，かつては牛馬の飼料として利用されました。また茎は，若いものは丈夫ではありませんが，成長して半年ほどたったものは柔軟でかつ強靭です。様々な場面でものを束ねるのに利用されました。例えば，刈り取った草や薪を束ねて縛る。茅葺き屋根の梁を組む，また茅を梁にかぶせて括りつける。ヒヨドリやツグミなどの野鳥を捕る弾き罠で，バネにする木の枝と補殺用の小枝をつなぐ，などなど。このほか，茎から繊維を採り，それを編んで布を作り（葛布），堅牢性を必要とする作業着なども作られました。

ちなみに，薩摩川内市下甑島の歴史民俗資料館には甑島の伝統的な紡織習俗により製作された衣類として「葛男物紋付単衣長着」があり、生活文化の特色を示す鹿児島県の有形民俗文化財に指定されています。

クズの根は直径が 20cm，長さが 1.5m にもなり，多量の澱粉を含みます。根をたたいて採りだし精製した澱粉は，葛澱粉（クッノカネ）として葛団子（クッノカネダゴ）や葛餅に，また葛根湯（かっこんとう）の原料としても利用してきました。ただ，葛の根を掘り出すのも葛

甘い香りのするクズの花

サヤがはじけて種子を四方に飛ばす

アオツヅラフジ

びっしりと林縁を覆うマント群落

澱粉を作るのも，冬。真っ白にするのに何度も冷たい水に晒さなくてはいけません。それは辛い作業でした。

また，茶色の軟毛で覆われる新芽はほの甘く，山菜として利用されました。

ところが戦後，飼料や結束素材，食用としての需要が激減すると，クズはその強大な繁殖力ではびこりはじめ，林縁部で樹木に巻きついては，びっしりと覆う風景を目にするようになったのです。

朝鮮動乱時に日本から米国に，グランドカバー植物あるいは牧草用として移入されたクズは，米国でも樹木に巻きつき森林に悪影響を与えているといわれ，現在は世界の侵略的外来種ワースト 100 に指定されています。

こんなクズですが，森にとっては本当に有害な植物なのでしょうか。

森はその表面が植物の葉で覆われ，中は湿った環境になっています。この中で植物たちは光を分け合い，動物たちは植物のつくったものを食べ，そこに生きる動物を食べて生きています。森にとっては湿った環境が重要なのです。ところが，土砂崩れがあったり木が寿命を迎えたりして森の縁や中に空いた場所ができると，そこから風が吹き込み森は乾いてしまいます。そのままでは生きものが生活しにくくなります。

そんなとき，その空いた場所に生え，急激に成長し木に巻きついて隙間にふたをするクズは，森にとっては救世主。あたかも森を守るマントのようです。

クズのように，林の縁で森を覆うように生える植物からなる社会を‘マント群落’と呼びます。マント群落はクズだけでなく，アオツヅラフジ，ビナンカズラ，ヘクソカズラなど，たくさんの種類の植物からできています。

人の体の仕組みとして，けがをすると血が固まり，かさぶたができます。かさぶたは，ばい菌が侵入するのを防いでくれます。かさぶたは，見栄えは悪いですが，人の体を守る大事なもの。クズをはじめとするマント群落も，森にとっては同じような役割を持っているのです。

シャンプーにも利用されたビナンカズラ

# シカと植物　山肌を守るツツジ

霧島や屋久島には，車がすぐ近くに来てもなかなか逃げない，茶色の大型動物がいます。

そう，シカです。このシカが棲む山で，ひときわ艶やかな花が山肌を染めることがあります。霧島ではミヤマキリシマ，屋久島ではヤクシマシャクナゲです。両種はツツジ科の植物で，地域を代表する花として人々に親しまれていますが，この風景，じつはシカに関係しているのです。

シカは，日本では野生動物の中で最大の草食獣で，植物を大量に食べます。植物であれば何でも食べるわけではなく，好き嫌いがあり，餌がいっぱいあるときは好きなものを選んで食べます。このため好きな植物は減りやすく，シカの数が多くなると，その植物がなくなることもあります。そうなるとシカの食べたくない植物だけが残って集団をつくり目立つようになります。

こうして，シカが増えた地域では山や草原，人里の様子が変わってしまいました。

シカが好まないものに，トゲの多い植物や，体の中においしくない成分や毒を蓄えた植物があります。

ツツジ科の植物もその中に含まれます。アセビやヤマツツジ，シャクナゲなどの仲間です。主に春に花が咲き，鮮やかな色彩で虫にも人にも目立ち，季節の話題にもしばしば取り上げられます。低い木で乾燥に強く，痩せた土地にも生え，とくに強い光を必要とします。

このため風が強くて他の樹木が成長しにくいところとか，毒を含む火山ガ

ミヤマキリシマ群落

霧島のキュウシュウジカ

ミヤマキリシマ

スが時に流れるようなところ，道路工事等で人が切り開いた崖といった厳しい環境の中で生え，他の特徴ある植物と一緒に集団をつくります。

このように，山にとっても厳しい環境でツツジ科の植物たちががんばることで，山全体が守られているといえます。

屋久島や霧島ではシカによって多くの植物が食われていますが，ツツジ科の植物は被害が少なく，他の植物が減った分，増えているように見えます。

それでもこのままシカが増え，植物の全体量が少なくなると，嫌いなものや落ち葉まで食べるようになり，根の踏み荒らしもひどくなるでしょう。ツツジ科の植物も被害を受け，山肌の崩れが深刻になることが予想されます。

ヤクシマシャクナゲ

花の色が変化するヤクシマシャクナゲ

シカによる樹皮の剥離

ネジキ

アセビ

シャシャンボ

# シカと植物　毒で身を守る

トカラ列島の臥蛇島(がじやじま)を知っていますか。トカラ列島は屋久島と奄美大島の間に連なる島々で，その中の臥蛇島は，昭和45年（1970年）の集団移転によって無人島になりました。それから26年経った平成8年（1996年）に自然調査を行いましたが，そのとき目にした風景は強烈なものでした。

かつての畑や人家，集落のまわりではほとんど植物の姿を見ることができませんでした。船着き場から灯台に通じる道からよく見える小さな山も植物の姿はなく，石がむき出しになり崖崩れを起こしていました。人が住んでいないのに，どうしてこんなことが起こったのでしょうか。それは移転のとき，飼っていたヤギを残したこと，集団移転後にシカを島に放ったこと，この2つが原因といえます。

集団移転当時は高度経済成長の時代でした。臥蛇島は平地が少なく，しかも標高の高いところにしかありません。汽船が停泊する港湾施設を造るにも安定した場所はなく，天気のよい日に‘はしけ’を使うしかありません。子どもたちに中等教育を受けさせるにも，産業がなく経済的にも厳しい環境でした。それで集団離島となったわけですが，地域は人がいなくなってしまうと忘れ去られてしまうという焦燥感から，島の魅力を出そうと必死に考えました。

そこで，「ハンティングの島」にすることを思いつき，雌を2頭，雄を3頭，種子島の若狭公園で飼っているシカを分けてもらい，臥蛇島に放したのでした。

こうして，人や天敵のいない島で大型草食獣のヤギとシカが増え続けたため，餌である植物が底を尽き，裸地化が起こったのです。

調査のとき，移転当時に森であったところの多くはそのまま残っているように見えましたが，中に入って気づい

広い面積で裸地化した臥蛇島の小丘

栄養不良等のために旧年角のままのヤクシカ

同所・同時期の袋角のついたヤクシカ

たことは，地表に植物の姿が見えないことでした。土や石がむき出しになっていたのです。

ところがその中に，緑の塊が転々とありました。よく見るとクワズイモです。その名のとおり，食べると口の中がひりひりし吐き気が起こるため，人は食べないサトイモ科の植物です。ヤギやシカにも毒があるようで滅多に食べません。

クワズイモは臥蛇島だけでなく，シカが多く棲む屋久島，口永良部島，馬毛島，種子島でも同様に目立っています。

また，最近になって屋久島で，「スギ林で奇妙な植物が増えている。どうして？」と聞かれたことがありました。そのスギ林に行ってみたら，それはコ

クワズイモだけが残る林床

クワズイモ

ハスノハカズラ

クワズイモの果実

ンニャク（食用のコンニャクはこの植物の芋を毒抜きして作る）によく似た，絶滅危惧植物のヤマコンニャクでした。

葉や茎は毒があるため食べられませんが，鮮やかな色がついた果実は毒を含まないようでシカやタヌキに食べられ，シカの通り道やタヌキの‘ため糞場’で芽を出していたのです。

霧島の森でも下草がほとんどないところに，ツクシヒトツバテンナンショウやマムシグサ，ムサシアブミなどのサトイモ科の植物が広がっています。

このように，シカが増えているところでは，普通は量が少なく気づかれることもない植物が，シカが滅多に口にしないために生き残り目立つようになっています。その中で特に奇妙な花をつけるサトイモ科の植物が多いのは，興味深いことです。

臥蛇島の尾根につくられたシカ道

ナンゴクウラシマソウ

ヤマコンニャク

ツクシヒトツバテンナンショウ

ヤマコンニャクの花と果実

身を低くして守る

地を這うように広がる
トキンソウ

くぼみに身を隠す
コケセンボンギク

トゲで守る

柔らかい芽の時に食べられた
キリシマアザミ

## シカから身を守る植物たち

毒やとげのほか，シカの被害をまぬがれる方法はいろいろあります。

毒やまずさで守る

モロコシソウ

コバノイシカグマ

ヤマシャクヤクは花だけ
食べられる

フタリシズカ

ハマゴウ

食われても
食われても

シカの好物であるツクシイヌツゲ（霧島）．食べられては芽吹きを繰り返し，
小枝を密生させて生き延びる

# シカと植物　トゲで身を守る



植物の中にはトゲを持つものがあります。そのトゲを手に刺したことありませんか。とても痛いですね。これが口の中だったら，さらに痛みがひどいですよね。

トゲを持つ植物の多くは荒れた場所，自然破壊が起こった場所に生えています。また，乾燥した場所でも多く見かけます。

ソテツやサボテンのトゲは葉が鋭くなったもので，表面からできるだけ水分を逃がさないよう，乾燥した環境に耐えられるつくりになっています。

成長が早いカラスザンショウやタラノキなどの樹木にもトゲがありますが，これらも伐採跡地や土砂崩れなどの起こったところにしばしば生えます。

そんな場所には，樹木に絡まって伸びる蔓植物がよく生えます。でも，蔓植物もトゲが当たることをいやがるようで，トゲを持つ植物に巻きつくことはまれです。

ところで，ホウロクイチゴやリュウキュウイチゴ，ナワシロイチゴなど，おいしそうな野イチゴにもトゲがあるのを知っていますか。

野イチゴのトゲは葉や茎にあり，果実にはトゲがありません。葉や茎は自分の

カラスザンショウ

サンショウ

タラノキ

タラノキの花

体をつくる大事な部分ですから，シカなどに食われないようトゲで守っているのです。一方，果実は種子を動物に運んでもらうためトゲはなく，むしろ，おいしそうに着色してご褒美の糖分で包み，鳥やけものたちを誘います。

このように，わが身を守るためにトゲを持つトゲ植物ですが，弱点もあります。それは，芽吹いたばかりの時期はトゲが柔らかいこと。そして，まずい成分や毒成分が貯えられていないことです。このため，全体にしっかりしたトゲがついているのに先端は欠けた植物を見ることもあります。

餌の少ない春の初め，えびの高原で賢いシカを発見しました。昨秋に芽生えたキリシマアザミが，硬い葉に守られて中心から新芽を出していました。そのアザミをシカが食べているのです。シカは前肢のひづめをアザミに叩きつけてばらばらにし，柔らかい部分を見つけだし食べていたのです。

シカの増加によって自然は大きく変わっていますが，それがトゲを持つ植物をしばしば目にする機会にもつながっています。

キリシマアザミ

テリハノイバラ

ホウロクイチゴ

アリドオシ

ジャケツイバラ

すっかり人慣れした阿久根大島のシカ

# 桜島大正噴火からの復活

桜島は1914（大正3）年1月に大爆発を起こし，大量の火山灰を降らせました。そして引ノ平と鍋山の2カ所から溶岩が流れ出ました。また，爆発の初期段階では火砕流が発生し，斜面を流れて小池集落などを襲いました。小池集落ではまず火砕流に襲われ，その後，溶岩が流れてきたのです。

爆発から2カ月たった頃，E. H. ウィルソンは小池集落に入って写真を撮っています。

私たちは，その後100年たって，ウィルソンが撮影したのと同じ地点を探し出し，写真を撮ってみました。時は移り，現在では何事もなかったように見える集落の風景。ウィルソンの写真と比較すると，集落とその周辺の自然の移り変わりがよく分かります。

ウィルソンが撮影した当時，集落の外れは里山として薪採りが頻繁に行われていました。そのためシイなどでなく，成長の早いクロマツが生えていたのです。ウィルソンの写真で見ると，熱風（火砕流）が吹いたところの木々

「小池ノ景」（＊20　鹿児島県立博物館蔵）
手前は火砕流によって破壊された集落．奥は溶岩流が押し寄せ炎上中

「小池村ノ焼林」（＊20）
火砕流によってマツ林は枯れ，噴石や火山灰が堆積した

火砕流によって壊滅的な被害を受けた小池集落，E.H. ウィルソンは噴火後２カ月たった 1914年 3月15日に撮影した



は葉がほとんど焼け落ち，枝だけが残っています。溶岩が流れたところは表面がごつごつしており，植物体は見あたりません。

100 年後，溶岩が流れたところはクロマツの林に変わっています。火砕流に襲われた集落の中には畑が復活し，火砕流に襲われた里山は，クロマツ林からタブノキ林に変わっていました。

溶岩は，流出時の温度が 1000℃以上あり，植物体をことごとく焼き尽くしました。冷えて固体になると体積は収縮して表面にひびが入り，割れ目ができます。そのままでは保水性もなく植物は生えません。そのうちに胞子で増える地衣類やコケ類が，溶岩の表面に付着し生えはじめます。この間も，噴火によって空から供給された火山灰が少しずつ表面や割れ目にたまり，保水性を回復しはじめます。

桜島小池．2014年（＊21　川越保光氏撮影）

その後，風で種子が飛んできたススキやイタドリ，クロマツなどが生えはじめます。初めはススキ，イタドリなどが優勢で，溶岩の中に草原が現れます。そのうちに鳥が種子を運んできたヒサカキやクロキ，ハゼノキなどの低木なども混じった低木林になります。その後，成長が早いクロマツが高く成

長し，クロマツの林に変わっていきます。順調に生育していればクロマツは15m近くになっているはずです。

ところが，桜島では20年近く前からマツクイムシが入り，当初からのマツは枯れてしまいました。現在のマツは2代目以降のもので，木の高さは低くなっています。

ところで，大正溶岩は2カ所で発生し，島の南東側と南西側を覆いました。西側の引ノ平から発生・流出した溶岩は南下して袴腰方向に流れ，海に流れ込んで沖にあった烏島を飲みこみ，さらに烏島の沖を埋めました。一方，東側の鍋山から発生・流出した溶岩は，南側は有村集落へ，東側は瀬戸集落まで流れ，瀬戸側から，当時最大400mあった海峡を埋めて大隅半島と陸続きになりました。

その後，溶岩は冷えていきますが，熱がなくなるまで30年かかったといわれています。

2カ所の溶岩上に発達した植生に違いはあるのでしょうか。大正3年の大爆発からちょうど100年経過した2014年に，調査してみました。

いずれもマツクイムシによる被害を受け，その後再び芽生えた2代目のクロマツ林になっていました。

ところがよく見ると，袴腰方向に流れた溶岩上のクロマツ林は大きく，植物の種類も多くなっていますが，有村側は小さく植物の種類も限られていて，特徴的な植物としてユノミネシダが含まれています。袴腰側と有村側では環境が異なるのです。

「小池村ノ噴煙」（＊20）

大正溶岩の流出口．引ノ平

「全滅シタル小池」（＊20）

ユノミネシダ

桜島では大正噴火後も活発な火山活動が続いていますが，その影響を強く受けているのが南東方向の有村側です。というのも，桜島の上空の風は一年を通すと北西風の日が圧倒的に多く，火山灰や火山ガスは南東方向に流れることが多いのです。火山ガスに含まれる強い酸性物質を受け，有村側の植物には成長阻害が起こったのです。

また，ユノミネシダは火山ガスが流出するところでも生きていけるという特徴があります。このため特異的に有村側に発生し，成育しているものと考えられます。

一方,火砕流で覆われた里山はなぜ,クロマツ林からタブノキ林などの照葉樹林に代わったのでしょうか。

里山のクロマツ林中に生えていたクロマツ以外の植物は，火砕流によって地上部の多くは燃えて枯れてしまいました。ところが地表部や地中部では生き残ったものがあり，それが根際から芽を出して成長したり，鳥が種子を運んできて芽生え成長したりして地表を覆いました。

地表や幹から脇芽を出す性質を持たないクロマツは，火砕流によって地上部もろとも地下部も枯れました。その後，地表が一時裸地になって芽生える

「積灰に埋没せる東桜島村黒神部落の民家」（＊20）

ことのできたクロマツも，先に成長した他の樹木に覆われて枯れたり，それを免れて成長することができてもマツクイムシ被害によって枯れ，その後は復活することがありませんでした。

昭和 40 年以降は薪採りも行われなくなりましたので，そのまま成長して現在の林になったと思われます。

このような過程を経て，クロマツ林は 100 年のうちにタブノキなどの照葉樹の森となったと推定されます。

ことごとく破壊された集落の中は，人々が避難から帰ってくると，建物は修復され，堆積した火山岩や軽石なども取り除かれました。集落は溶岩部を除いて蘇り，人々の暮らしも復活してきました。

こんな経過をウィルソンの写真は静かに語ってくれます。

袴腰側の大正溶岩

有村側の大正溶岩

# 復活した腹五社の森

火山活動では溶岩が流れ出したり，火砕流が発生したりして自然が大きく変わりますが，火山灰によっても自然や人々に大きな影響があります。

大正３年の爆発ではわずか２日間の噴火で，桜島の中心部で 3m 程度，大半の部分で 50cm 以上，西南部の少ないところでも 5cm 以上の降灰が記録されています。

黒神地区では 2m 以上の凄まじい降灰があり，学校にも家にも灰が積もりました。腹五社神社の鳥居も貫（ぬき）（上から２段目の横柱）の上まで埋まり，今もその姿をとどめています。

「黒神村鳥居埋没」（＊20）噴火後すぐの鳥居

その鳥居の奥に腹五社神社の鎮守の森がありますが，そこは不思議なことに，桜島にはほとんどないスダジイの森です。

桜島の森は，100 年前はほとんど里山でした。薪を採ったり，肥料にする落ち葉を集めたり，また牛馬の餌としても絶えず利用されたため，ほぼクロマツ林と低木林だったと考えられます。現に大正噴火以前の写真を集めてみても，写っているのはほとんどクロマツ林です。スダジイなどの照葉樹の森は，鎮守の森を除くと，ごく限られた場所にしかありませんでした。

降灰の量や影響を当時の写真から解析してみると，黒神地区は降灰のため，里山や鎮守の森を含めて植物の大多数が枯れてしまっています。森の中を見ると木と木の間は火山灰で盛り上がっており，雪が木の間にたまるのと似たような光景がありました。腹五社神社周辺も，大木だったマツやその他の広葉樹がすっかり葉を落としています。

黒神の埋没鳥居

腹五社神社の森．根元に堆積した灰が今も残る

ところがここには現在，スダジイの森が成立しています。大事な鎮守の森だから植林されたのでしょうか。

そうではありません。じつはスダジイなどの照葉樹は，幹に隠れた芽（潜伏芽）を持っているのです。

大量の降灰で大多数の樹木が枯死した中，幹が生き残ったスダジイは，隠れた芽を随所で出したのです。普通は枝の先端から出すのに，この時は根際から先端まで幹の胴体から芽を出す「胴吹き」が起こりました。その後，芽が成長し階段状に枝が出て，とくに日当たりのよい上部がよく伸び，高さ15m 前後のスダジイが高木層のほとんどの面積を占める鬱蒼とした森がつくられたと考えられます。

その間に，鳥が糞をすることによって運ばれたタブノキも芽生えて高木層まで大きく成長し，その下にはシャリンバイやヒサカキ，ヤツデ，エノキ，クロキ，ヤブニッケイなどが生えています。降灰の影響なのか，県内のスダジイの森であれば 20m 四方に 40 ～ 50 種程度の植物種が生育しているのに，どんなに探しても 20 数種しか見つけることができませんでした。

牛根麓稲荷神社の埋没鳥居．垂水市

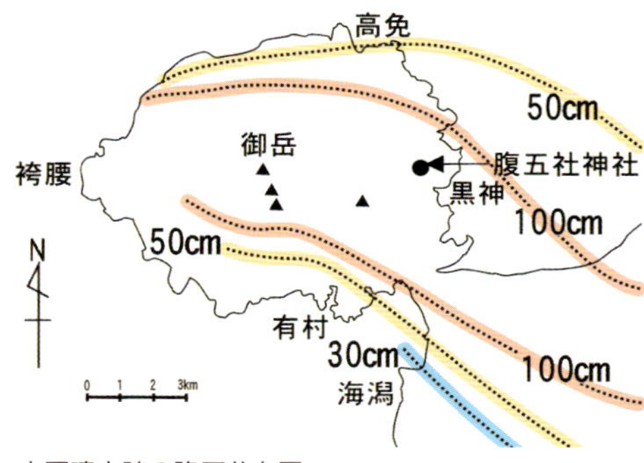

大正噴火時の降灰分布図

この森から少し離れたところに根際の大きなヤブツバキがあり，「百年椿」と名付けられていました。腹五社神社のスダジイと同じ仕組みで芽吹いたものと考えられます。

黒神地区は，大量降灰から再生する森の姿を見ることができるホットスポットとなっています。

黒神の百年椿

腹五社神社のスダジイ

# 城山の森を守る

鹿児島市の城山は国の天然記念物に指定されています。その価値は，指定基準の二の「代表的原始林，稀有の森林植物相」に該当します。城山の森は暖温帯性の照葉樹林の自然林で，豊富な暖帯性植物が自生していることが評価されて天然記念物に指定されているのです。この価値が長く続くことが，天然記念物城山の保護につながります。

城山は60万都市，鹿児島市街地の中央部にあります。数少ない緑のオアシスであり，また桜島や市街地が見える絶景地でもあり，多数の市民や観光客の散策場として利用されています。このため歩道は傷みが激しいものがあります。また，地質的には火山灰土壌や火砕流堆積物からなるところも多く，大量の雨が長く降り続くと崖崩れを起こすこともしばしばあります。

このようなとき，公園を管理している鹿児島市はどのように対応しているのでしょうか。

自然の文化財としての天然記念物は通常，自然の移り変わりに対して積極的に対応することはありません。しかし，放置していると人の生命や財産を損なったり，天然記念物の持つ価値を損ねたりする懸念がある場合は，その手法を慎重に検討し，天然記念物の保全に対応することになります。

1993年頃に大規模な崩落があった時は，崩壊した斜面にさらに崩壊しないように柵を作り，急崖地にはモルタル吹き付けや種子を含む土壌吹き付けをして復旧工事を行いました。その当時の吹き付け種子には発芽発育がよ

城山は市街地に囲まれ孤立しているが，人々にとって貴重な緑のオアシスになっている（航空写真）＊22

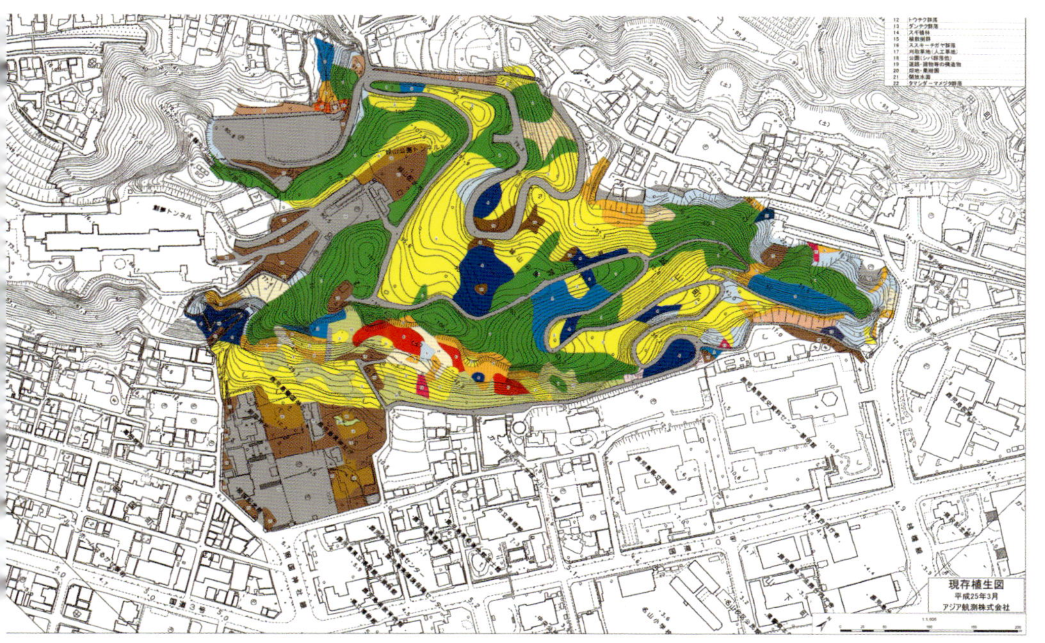


城山の植生図　＊23

| 凡例 | 群落名 | 凡例 | 群落名 |
|---|---|---|---|
| 1 | ミミズバイースダジイ群集 | 12 | トウチク群落 |
| 2 | アラカシ群落 | 13 | ダンチク群落 |
| 3 | バクチノキーバリバリノキ群落（クスノキ植林） | 14 | スギ植林 |
| 4 | エノキ群落 | 15 | 植栽樹群 |
| 5 | アカメガシワーカラスザンショウ群落 | 16 | ススキーチガヤ群落 |
| 6 | クズ群落 | 17 | 刈取草地（人工草地） |
| 7 | ハヤトウリ群落 | 18 | 公園（シバ群落他） |
| 8 | モウソウチク群落 | 19 | 道路・建物等の構造物 |
| 9 | メダケ群落 | 20 | 畑地・果樹園 |
| 10 | メダケークズ群落 | 21 | 解放水面 |
| 11 | ホウライチク群落 | 22 | タマシダーマメヅタ群落 |

桜島を望む

城山に侵入したモウソウチク

遊歩道上にあったバクチノキ．天然記念物指定以前は景観木を残し他は刈り取る管理方法だった．ウィルソン撮影

天然記念物指定後90年，遊歩道は拡張され，また森林となって被陰され，バクチノキは屈曲した （*21）

バクチノキの果実

旧七高の敷地内，城山から浸みだす水を蓄えた池の脇にハマセンダンが生えていた．ウィルソン撮影

ニガキ．ウィルソン撮影

↓ 現在は黎明館の用地になっている（*21）

右カーブになったところは湿潤な環境で，かつてはニガキが生えていた （*21）

E.H.ウィルソンの写真は４点とも1914年３月撮影．100年後の写真は川越保光氏による（*21）

く，根が発達して土壌の流失を防ぐもので，安価で大量に種子が得られるものが選ばれました。日本原産の植物でそのようなものはなく，シナダレスズメガヤやオニウシノケグサ，イタチハギなど外国産の種子が採用されました。その際，カキネガラシ，オオアレチノギクなど他の種子も混入し，帰化植物が増えてしまいました。

2015 年の崩落の時は，規模が小さく新たな被害も出ないところでは，自然の遷移に任せることにしました。規模が大きく被害を拡大しそうなところでは，崩落斜面を整形し，種子を含まない凹凸のあるマットを敷いて，周辺からの種子を誘導して植生を回復する工法を採りました。2 年後には周辺にあったイワガネやアラカシなどが芽生え，草地から低木林になるような状況まで回復しています。

遊歩道の傷みは利用者にとって不快であり，時には転倒を引き起こすなど安全上の問題もあります。その原因は人が偏った場所を歩くことと，降水によって路面の洗掘や浸食が起こるためです。そこで路面を平坦にしなくてはなりませんが，コンクリートでは強いアルカリ性の廃液が出て樹木等に影響を与えるため，土によく似た舗装法を採用しています。

また，側溝では誤ってカエルなどが飛び込んでしまったとき，這い上がれ

照国神社のクロマツ．ウィルソン撮影

100 年後，クロマツの跡にはヤマモモが植えられ鳥居も建っている （*21）

城山にも火山灰土壌があり，集中豪雨によって時に崩落が起こる　*23

種子誘導マット施工後2年目の崩壊地（上写真と同位置）

るような場所も一部で作っています。

現在，城山に成育している種はここで初めて発見されたヤマコンニャク，シロヤマシダ，シロヤマゼンマイ，サツマイナモリを含めて500種を超えています。2002年と2013年に行われた植物調査では，外来種が20％近くを占めていることが判明しました。このうち，すでに照葉樹林中に群落をつくり，今後もさらに拡大が予想される種として，ハヤトウリ，トウチク，モウソウチクの3種が抽出され，本来の照葉樹の森を維持するために駆除をすることとなりました。

このうちハヤトウリは南米原産の植物で，漬物や煮物，炒め物に利用される野菜として，大正時代に鹿児島に導入されました。果実が収穫できるのが晩秋の限られた時季であり，栽培には広い面積が必要なため，今ではほとんど栽培されなくなりました。果実が大きく，暗い森でも発芽し成長するため，誰かが森に放置すると森の中で繁殖して広がっていきます。

モウソウチク，トウチクも中国原産の15mに達する竹で，地下茎で森の中に進出し，森の樹木を摩擦によって枯らしてしまいます。

広い面積でいったん定着した植物を根絶することは，なかなか大変な作業です。駆除は2013年から始めました。3種とも1年目で劇的に群落が消滅しました。2年目以降は，地下茎で残ったものが，やはりゲリラ的に発生しました。発生する株は年を経るにつれ少なくなっていますが，手を緩めると，また復活していきます。気長につきあうしかありません。

これらの作業は，鹿児島市が専門家の意見を聞いて計画を立て，県や国の許可を得て行っています。この間にかかる費用については，国からの補助金や市が負担することになっています。城山の自然を維持するために国民・市民の税金が使われています。

自然を楽しみながら，こんなことも考えてみてはいかがでしょう。

ハヤトウリ

バリバリノキ．硬い葉がこすれる音とか

ショウベンノキ．切ると水が出るからとも

シロヤマゼンマイ

サツマイナモリ

シロヤマシダ　＊1

樹齢400年前後のクスノキの巨木が点在する

桜島フェリー船上から城山を望む

夏，チョウの吸水がみられる

# ふるさとの森をつくろう

多くの樹木からなる森には様々な機能があります。

暑い夏，葉に蓄えられた水が液体から気体の水蒸気に変わることによって，空気をひんやりと冷やしてくれます。火事のときは，葉に蓄えられた水のカーテンが火の勢いを弱め，延焼を防いでくれます。そのおかげで，関東大震災や阪神淡路大震災の時に，森で囲まれた公園等ではたくさんの人々の命が救われました。

また，葉が繁って複雑な空間をつくっていることで音が吸収され，静かな環境が生まれます。ほこりっぽくて汚れた空気も吸収され，酸素分の多い清浄な空気に変えてくれます。学校や公共の施設が森に囲まれていると，避難所としての機能が増します。ほこりっぽい空気をきれいにし，静かな環境をつくり出して，周辺の住民の命と健康を支えてくれるのです。

自然の森にはいろいろな植物が生え，それを食べたり隠れ家に利用したりする多くの生き物が宿ります。季節により様々な生命現象もあります。日々紡がれる自然の変化を発見し，見つめることは，自然を知るうえで重要なだけでなく，子どもたちや人々の心と感性を磨いてもくれます。学校の森と同様，地域に自然の森があることで果たされる役割は思いのほか大きなものがあるのです。

鹿児島の自然林の中では，20m 四方の面積であれば，40 ～ 60 種の植物種を見つけることができます。このうち樹木は 20 ～ 35 種にもなります。これらの樹木は，高木層，亜高木層，低木層，草本層と階層構造をとることによって，森林のてっぺんから当たる光を分け合って効率よく利用しています。

このように自然の森は多様な種からなっているのに，植林の多くはごく少ない種に限られます。森をつくるとい

栗野岳山麓のタブノキ林

鶴田ダム近傍のハナガガシ林

ヒノキ林の中は暗く，林床は植物も少ない

台風被害を受けたヒノキ林

いながら，材をとるスギやヒノキだけを植えたり，鑑賞のためのソメイヨシノやカエデだけを植えたり，あるいはそれが油を採るヤブツバキやアブラギリだけだったりします。

植林後も，木を効率よく伸ばすために管理を行い，人の手をいつまでもかけています。雑草や木に巻きついて成長を阻害する蔓植物，よく伸びるアカメガシワなどの先駆種を刈り取るとか，材の強度や品質を高めるため枝打ちをするとか，効率よく成長する木を残すために間伐をするとか。その結果，森は植栽した有用な木々と利用されない草本層の２層構造となり，効率的な光の利用とはいえません。

災害にも弱いです。風水害で一斉に樹木が倒れたり，土砂崩れが起こったりしているのも，このような植林地に多く見られます。

また，この手法の植林地は人工的で単調なものとなり，そこに住む生きものの種類も少なくなり，潤いの少ない森になってしまいます。

そこで自分たちの手で鹿児島の森をつくろうという試みがあります。

森をつくっている植物は，環境によってその構成に違いがあります。海岸直近であれば，クロマツやモクマオウでなく，マサキやトベラ，シャリンバイ，ハマヒサカキを中心に，海が近いところでは，潮風に耐性のあるヤブニッケイやモクタチバナ，タブノキ，ホルトノキなどが，尾根部であれば，乾燥や栄養のない環境に耐えるスダジイやヤマモモなど，谷部であれば，水と栄養分に恵まれよく伸びるタブノキやイチイガシなどが森の王様になっています。

地域の自然にあった森をつくるには，まず地域本来の自然植生を調べ，環境にあった樹種 20 ～ 30 種を組み合わせて，1㎡に３～４本という高密度で植えます。高密度で植えることで環境を和らげ，また，樹木どうしの競争によって成長を促すのです。

植えるのも大きな木ではなく，３～４年生のポット苗を植えます。ポット苗は細根が発達して，植えてすぐに発育が可能だからです。大きな木であれば，根切りやそれに見合った葉の量に減らすための枝切りをしないと移植はできません。大きいまま植えると，樹木に大きな負担をかけ成長を止めることになります。それ以上に，根切りは植物の生死にもかかわる大きな負担になりかねません。

ポット苗を植えた後，稲ワラ等で土を覆います。こうして乾燥や土が流れること，雑草やアカメガシワなどの先駆種の侵入を防ぎます。その後１～２年は，蔓植物の侵入があった場合には除去もしますが，その後は手もかけず自然のまま放置します。樹木たちは互いに競争しつつ我慢しあって，折り合いをつけながら成長を続け，10年もしないうちに森がつくられます。

1m四方に３～４本の木を植えても，10年後，20年後にすべての樹木が生き残ることはありません。樹木どうしは競争して，成長の早い木だけが生き残ったり，高木層，亜高木層，低木層などのように高さを分けて生き残りを図ったりと，いろいろな状況の中で森がつくられていきます。

５年もすると鳥たちが集まるようになります。鳥のウンチで多様な植物の種子が入ってきます。暗い場所でも芽生える特性を持つ植物たちが，新しくできた森に仲間として参加し，森はますます多様なものになっていきます。

この方法は，横浜国立大学名誉教授の宮脇昭氏が開発し，自然災害に強い植林法として東日本大震災の起こった地域をはじめ，北海道から沖縄県まで全国で展開されています。

筆者もこれまで，湧水町や霧島市，鹿児島市，沖縄県石垣市などで，参加者の協力をいただいて地域の森づくりを実施し，順調に成長しています。

この植林法で大事なのは苗です。苗はできる限り地域に自生しているものを利用することです。ドングリ拾い，種子拾いから始め，ポット苗作りをすることが望まれます。というのも，同じ種名がついた植物でも，地域によって遺伝子組成が異なることが知られているからです。郷土の森をつくるには，郷土の遺伝子を持った苗作りが望まれるわけです。

宮脇方式植林の説明

ポット苗

マウンドづくり

植え付け

わら敷き（マルチング）

植林後 15 年のハテルマギリ．沖縄県石垣島

植林後 20 年目．風が強いため成長が遅いが
びっしりとした森となっている．沖縄県石垣島

植林後 10 年目の国分シビックセンター
駐車場前．霧島市

企業で取り組んだ植林 7 年目の森．
霧島市（九州タブチ）

# 地域の森をつくろう



## 1 めざす森を調査する

地域に残る自然林を調査し，優占種，構成種を抽出。環境や地形との関係を考慮し，地域本来の自然（潜在自然植生）の構成種20～40種を選び出す。

地域の自然林をさがす

植生調査を行う

## 2 ポット苗をつくる

ポット苗は移植時に根を切らずにすみ，移動時も傷まないため，移植後の成長がよい。種子は地域の森から採取する。

成熟した種子を集める

よい種子を選んで蒔く

密生した幼苗

ポットへの植え替え

3～4年生苗を選ぶ

## 3 植える場所を整える

樹木が成長するには根から空気を取り入れることが大事。マウンドをつくって表面積を増やし，土をほぐして空気を入れる。

土に空気を多く含ませる

## 4 植えてみよう

宮脇方式のポイントは，多様な樹木を密に植えること。競争しながら成長し光を分け合う植物社会ができるため，より早く効率的に地域本来の森をつくることができる。

やさしく植林

稲わらでマルチング

## 5 見守る

発生した蔓植物を取り除く以外は手を加えない。人が植林地に入ると土が硬くなり，成長が遅くなる。

資料提供：西野文貴氏（*24）

第３章

# 水辺のみどり

# ガラッパと川と植物

どの地域にも愛すべき魔物が潜んでいます。鹿児島の川の魔物はガラッパ。他の地域では河童というのですが。

ガラッパは子どもを川に引きずり込んで溺れさせ，ジゴンス（生魂）を抜くと伝えられています。また，ガラッパが山から下りるときにはヒョウヒョウという音が聞こえ，子どもに遭うと‘相撲をとろう，相撲をとろう’という。でも，頭の皿に水があると強いが，水がなくなるとからっきし弱い…。

鹿児島や宮崎南部にはガラッパグサという植物があります。ドクダミです。独特の臭気がある湿性植物で，踏んだり触ったりすると，鹿児島弁でいう‘ヒエクサカ（生臭い）’においを発散します。川縁で何かが動いて生臭いにおいがしたら，それをあたかも河童の仕業としてガラッパグサというようになったのではと推察されます。ガラッパがこのにおいを敬遠するから語源になった，という人もいますが。

他の地域でカッパグサ，カッパソウといえば，とげのあるイシミカワやママコノシリヌグイ。やはり川に多い植物です。

さて，川と植物の関係はどう考えたらよいのでしょう。植物にとって川はどんな環境なのでしょう。

川が他の環境と違うところは，水です。水がたまり，そして流れていること。また，不定期的に増水し，冠水する（水に浸かる）ことです。

水は，植物が育つためには無くてはならない物質です。しかしながら，根，茎，葉に分化した植物にとって，過剰な水は根の呼吸を阻害します。そのため植物は，特殊な機能を持ったものを除き，水に長時間浸かって生きていくことはできません。とくに，大きな体を根で支えている樹木にとっては，短時間でも水に浸かることは耐えきれず，しばしば根腐れを起こして枯れます。このため河川内では，ヤナギの仲間や，河口部にマングローブ林を形成

ガラッパグサと呼ばれるドクダミ

鋭いトゲがあるイシミカワ

するヒルギ等の仲間を除き，樹木を見ることはほとんどありません。

植物はいろいろな場所で生きています。決して単独でなく，いろいろな種類で，しかも多数の植物からなる植物社会（植物群落）をつくっています。光や栄養分を求めて互いに競争しあいながら，集団でいることで環境の影響を和らげて生きており，その環境を克服したものが生き延びて群落をつくることになります。厳しい環境だと群落の種類が減り，また同じ群落でも構成する種数や高さが減少します。もちろん，環境が穏やかだと群落の種類，構成種等は豊かになります。

魚道も多くつくられている甲突川.
河頭（こがしら）付近

川には，①絶えず水が流れている環境（流水域）②水がよどんでいる環境（止水域，沼沢地）③水にたまに浸かる環境（湿地，湿潤地）④増水時に浸かる環境（冠水地）⑤ほとんど水に浸からない環境（堤防上，河崖地）があります。これらすべての環境に植物は生えています。植物にとっては①に近づくほど環境は厳しくなり，群落や植物相は単純になります。

ただ，これらの環境は固定的ではありません。増水があると水の流れは激しくなり，冠水がおこり，植物体を根こそぎ破壊することがあります。長時間冠水することで生き残れなくなる植物群落もあります。

また，それぞれの環境でも，工事，草刈り，火入れ，車や人の侵入など，人の影響がどの程度あるかで群落や植物相が変わります。人の手が入ると，一般には環境が損なわれ，植物相や群落は単純なものになります。

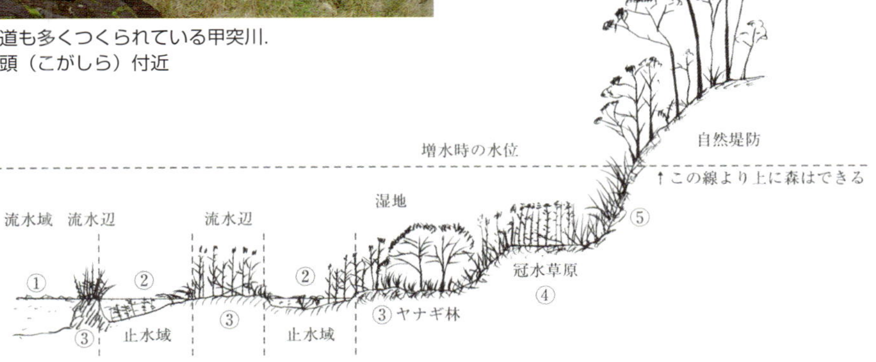

# ガラッパがおりてくる上流域

ガラッパはヒョウ，ヒョウという音とともに，上流部からおりてくるそうです。

上流部は川の出発点である源流部から始まります。しみ出した水が集まって水の流れをつくって渓流となり，大地を削って渓谷となります。やがて渓谷は開け，扇状地となり，流れは緩やかになります。扇状地までが上流で，ここでは浸食，運搬，堆積作用のうち，浸食作用が卓越しています。

その後，中流では運搬作用が卓越します。そして流れはさらに緩やかになり，堆積作用が卓越する下流となり，海に流れ込む河口となります。

といっても現実の川で上流・中流・下流を厳密に区分することは不可能です。これはあくまでも，川の位置関係を示す便宜的な区分なのです。

源流の標高は川によって異なります。屋久島や霧島，高隈，紫尾山系では標高が 800m を超えるところもあり，落葉樹林帯の森林や植物相を見ることがあります。小規模ですが，ヒメシャラ林やケヤキ林，ハルニレ林，サワグルミ林など冷温帯性の落葉樹林が鹿児島にもあります。

また，標高がやや低くなると，イイギリやエゴノキ，屋久島ではヤクシマサルスベリ，ヤクシマオガラバナ，奄美であればシマサルスベリなどの各落葉樹を主体とした森や，時にはヘゴ，ヒカゲヘゴなどの木生シダを中心とした森を見ます。いずれも原生林でなく，斜面崩壊があったところに生える二次的な群落です。

県本土や屋久島・種子島では，渓谷

上流部では岩のすきまに植物が生える

ハルニレ．鹿児島は上流の川岸に狭い群落をつくる

エゴノキ

の多くはスギ植林となっています。スギは冷温帯性の落葉樹林帯に生える植物で湿潤な谷部に生えます。九州内でも自然性のスギは屋久島だけですが，その屋久島でも標高 650 m以上に生えています。

マツやヒノキでなくスギを湿潤な谷部に植えることは森林経営的に理にかなっていますが，スギだけの森にすることには，自然災害の発生や生物多様性の観点からも問題点は多いです。

さて自然状態であれば，1000 mに満たない斜面の上部は多くの場合，照葉樹林で，スダジイ林あるいはコジイ林になりますが，渓流部ではホソバタブ林やアラカシ林になっているところもあります。アラカシ林中には，クロバイやヤマザクラなどが季節になると白い花をつけ，渓谷縁にはヤマフジやマタタビ，カギカズラ，ウドカズラ，

川の崖部に群落をつくるヘゴ

ジャケツイバラなどの蔓植物が生え，谷をふさぐこともあります。

流水辺の岩上地にはセキショウが岩にへばりつくように群落をつくり，砂がたまるところにはアキカサスゲが群落をつくります。厳しい環境のため一緒に生える種はほとんどいません。

鹿児島の川は上流部だけのところも多く，上流部が鹿児島の川の自然を代表しているといえるのかもしれません。

ヤクシマサルスベリ

ヤクシマオガラバナ

マタタビ

カギカズラ

セキショウ群落

アキカサスゲ

# ガラッパの好きな中流域

中流域は川の持つ浸食，運搬，堆積の作用のうち，特に運搬作用が大きいところです。上流に比較すると川の傾斜が緩やかになり，浸食は弱くなり，流速も緩くなって，運ばれてきた礫や砂などは堆積します。このため河床は上流の大きな岩から徐々に砕かれた礫や砂に変わっていきます。地形によっては，水の流れが速い瀬ができたり緩やかな淵ができたりします。

川幅が広くなると流れはさらに緩やかになり，流れに沿って上流から運ばれてきた土砂が堆積して中洲ができたり，蛇行してワンド状（池状の入り江）になったりします。また川の流れが変わって旧流路が河跡湖や池沼になり，止水域ができることもあります。

中流部には上流や周辺から生物の遺体や排出物等が供給され，水が栄養分を多量に含むことになります。そのため透明度は低下し，汚れが増したように見えますが，この養分に支えられてカワニナなどの貝類やヌマエビ，それを食べるホタル，魚類，さらにそれを食べる鳥類など多様な生き物が生息しています。

ガラッパも餌が豊富で隠れ家がいっぱいある中流域が大好きです。鹿児島では，この中流域がはっきり分かるのは川内川ですが，ガラッパたちはこんな環境にひかれ，今は伊佐市湯之尾に定住しているようです。

さて，中流域は地形や水流の関係から，流れの速い①急流部と，流れの緩やかな②緩流部の二つに大別されます。

**①急流部**

急流部で共通して見られる植生は，岩の間に長い地上茎を伸ばすツルヨシの群落や，渓流の岩場の上や岩の割れ目に生える低木のネコヤナギの群落です。流れがやや緩くなり砂が貯まるところでは，アキカサスゲが群落をつくっています。また増水してもほとんど水に浸からないような岩場には，メドハギやトダシバなどが群落をつくって

川内川中流風景

湯之尾のガラッパ公園に棲むガラッパの親子

タニガワコンギク

います。そこは陽当たりが良く，乾湿の差が大きく，川内川や天降川ではヨメナによく似たタニガワコンギクやイワヒバ，ラッキョウによく似たヤマラッキョウなども見られます。また，河床が岩場となっている水中にはカワゴケソウ科植物が群落をつくっているところもあります。

②緩流部

中流部では，平瀬・早瀬・淵と地形が変化し，流路を確保するために蛇行して湿地帯もできています。また，かつて川が流れていた跡が池になった河跡湖がいくつか見られます。河跡湖内には，浮水植物としてヒシ，ホテイアオイが，沈水植物ではホザキノフサモ，オオカナダモが，挺水植物ではヒメミクリ，マコモ，ガマ，ヒメガマなどが見られます。湿地植物ではアシカキ，チゴザサ，アキノウナギツカミ，キシュウスズメノヒエ，コバノウシノシッペイなどが群落をつくっています。このうちのヒメミクリやガマは，鹿児島県内では希少な植物です。

護岸部がつくられている河川では，通常水が流れている低水敷の部分と，増水時に水が流れるように設計した高水敷の部分があります。

ネコヤナギ

ヤマラッキョウ

ヒシ

ホテイアオイ

低水敷や水が溜まっている高水敷で流れの弱い流水中には，稀にオオカナダモやヤナギモの群落があります。流水辺で増水したときに流れが速く，礫から砂が堆積しているところには，高さが 0.3 ～ 1 m前後のツルヨシが群落をつくり，流れがほとんどないところにはマコモが生え，群落をつくることがあります。ツルヨシ群落の堤防側には 2.5 mに達するセイコノヨシが，泥地であればヨシ，砂地であればオギ

マコモ

ヒメガマ

が群落をつくります。くぼみのある湿地にはキシュウスズメノヒエ，クサヨシ，ミゾソバ，ヒロハサヤヌカグサ，シロバナサクラタデなどが群落をつくっています。

湿地でやや高くなったところには，オオタチヤナギ，アカメヤナギが河畔林をつくっています。オオタチヤナギやアカメヤナギの群落は県内ではあまり見られませんが，川内川ではよく発達し，群落の高さが５ｍを超えるものもあります。

また中流域では，セイタカアワダチソウなどの帰化雑草群落が発達します。流水に沿ったところではホウキギクが，乾湿の差の大きな立地にはタチスズメノヒエが，やや乾いた小礫地にはブタクサ，乾いた砂質地から泥地にはアメリカスズメノヒエ，シナダレススズメガヤ，そして富栄養地にはヒメムカシヨモギ，オオアレチノギクなどが群落をつくり，中流全域にわたって分布します。また,最近は多くの河川で,メリケンムグラやオオブタクサなどの帰化植物が群落をつくっています。

堤防上で，年に数度刈り取りをするところはチガヤの群落が形成され，刈り取りの頻度が高くなるとシバの群落

雄株だけで増えるオオカナダモ

ヤナギタデ

ミゾソバ

オオタチヤナギ

ヤナギ・メダケ林

に変わります。高水敷の堤防寄りのやや乾燥した提内では，ギョウギシバやヤハズソウ，カワラケツメイの群落ができます。また，しばしば車などに踏まれるところには，カゼクサ，ネズミノオ，チカラシバ，オオバコ，ヤハズソウを構成種にもつ群落が，轍によってできる湿地などには，ミミカキグサやゴマクサなどが集中して生えている場所も見つかります。

人工堤防の斜面はほとんどがチガヤ群落ですが，その中に絶滅危惧種のヒメノボタンやマイヅルテンナンショウなどが生えているところもあります。また自然堤防上が，メダケ，ホテイチク，マダケ，ホウライチク，モウソウチクなどの竹林の群落となっているところが多いのも鹿児島の特徴です。

この中でホウライチクは地下茎が深く，株状になり群がって生える東南アジア原産の竹です。増水時に堤防が壊されないよう，防災のために江戸時代以前に日本に導入されました。とくに南九州に多く用いられています。6 m以上にもなって川に陰をつくり，鳥の休憩地や，ホタルや小魚，エビなど他の小動物が群れる場所にもなり，落ち着いた景観を生んでいます。

アカメヤナギ

カナムグラ

増水時のツルヨシ群落

# 急激に変わる下流域

下流域は多くの場合，開発が進み，周辺は水田や畑等の農耕地や市街地となっています。川の堆積作用が強くなり，海水の影響があって，わずかでも潮のにおいがすることが中流域との違いです。このため植物群落は，中流域から劇的に変化します。

下流域は，海水の影響の程度によって①淡水域②汽水域③海水域の３域に区分されます。

**①淡水域**

淡水域には，低層湿原，冠水草原，河畔林の植物群落が分布します。

低層湿原には，イ，アシカキ，ケイヌビエ，チゴザサ，ヒメガマ，ヨシが，沈水植物ではホザキノフサモ，オオカナダモが，浮葉植物ではヒシ，コバノヒルムシロなどが，それぞれ優占する群落をつくっています。また流水辺では，タコノアシ，ミゾソバ，キシュウスズメノヒエが群落をつくり，点々と分布しています。

冠水草原で増水後に有機物がたまるような富栄養化したところでは，クサヨシの群落や，カズノコグサやカワジサからなる群落が形成されています。

河畔林としては，オオタチヤナギやアカメヤナギの群落が点在し，川内市白浜町，楠元町，倉之浦にやや広い群落が見られます。

湿地の後背地の高水敷は，定期的に冠水がある場所です。やや肥沃なところにはオギ，セイコノヨシ，クサヨシなどの群落が発達します。

この辺りは度々増水によって攪乱され，その後，帰化植物が侵入することが多いものです。水際にはキシュウス

セイコノヨシ

ケイヌビエ

東南アジア原産のジュズダマ．
薬や装飾品の材料として移入された

セイタカアワダチソウ

タコノアシ

ズメノヒエ，土壌が堆積したところにはセイタカアワダチソウやジュズダマ，タチスズメノヒエ，シマスズメノヒエが侵入し，最近はオオブタクサなど高くなる草原を普通に見ます。

**②汽水域**

汽水域は，毎日の定期的な干満によって淡水と海水が入り混じるところです。海水の金属イオンによって粘土が沈殿し，塩性湿地＝塩沼地が形成されます。ここでは，刻々と変動する塩分濃度に対応して生きていける植物が群落をつくっています。

満潮時に完全に潮がかぶるところには，ナガミノオニシバ群落があります。ワンド状の泥湿地は毎日潮に浸る場所で，シオクグ，アイアシ，ヨシが群落をつくっています。その後背地にはカ

ナガミノオニシバ

シオクグ

アイアシ

ヨシ

ハマボウ

ハマサジ

ハマゼリ



モノハシや低木のハマボウなどが帯状に，それぞれ優占する群落を形成しています。また，シチトウイの群落が見られます。

ナガミノオニシバ，シオクグ，ヨシ，ヒメガマなどの群落は，中規模の米ノ津川，別府川，天降川，花渡川，万之瀬川，肝属川，八房川，安楽川などで見られます。

全国的にもこのような塩沼地は，造成のための埋め立てにより年々少なくなっていますが，水鳥の採餌場や水生動物の隠れ家にもなり，水質浄化機能を備えてもいるので，保全の配慮が望まれます。

**③河口部**

河口部は直接海水が押し寄せてきます。海に向かって開いているところで砂丘植生を含みますが，コンクリート護岸で覆われたところが多く，ほとんどの河川で無植生となっています。

それ以外では，干潟が発達した別府川に大規模なハママツナやナガミノオニシバの群落が，安楽川にはタコノアシの群落があります。

砂丘の植生帯の先端は，上流から運ばれてきた動植物の遺体のために富栄養化し，オカヒジキやツルナの群落が見られます。海岸砂丘地での群落と異なり，富栄養の指標となるギシギシなどが混在したり，ママコノシリヌグイ，ケアリタソウなどの群落が隣接します。また，砂丘地植生の帯状分布も不完全ながら見られ，コウボウムギやケカモノハシ，ハマゴウ，テリハノイバラ，ハチジョウススキなどの群落が，コクテンギを伴う海岸性の風衝低木林まで連続するところもあります。

オカヒジキ

ハママツナ

ツルナ

ママコノシリヌグイ

ケカモノハシ

川内川．東郷町斧渕

# 国の宝カワゴケソウ科植物

カワゴケソウ科植物は，渓流に生える熱帯系の植物です。1775年に南米で発見されて以来，珍しい生活方法と形で植物に関心のある人たちを魅了してきました。

日本では昭和2年（1927年）に，さつま町山崎出身の今村駿一郎氏（当時，京都帝国大学大学院生，のちに農学部教授）が，郷里の川内川支流の久富木川でカワゴケソウを発見しました。その後，旧制伊集院中学校教諭の土井美夫氏らの調査により，現在までカワゴケソウ属2種，カワゴロモ属4種の計2属6種の分布が知られています。フィリピン，台湾，沖縄には分布せず，日本では鹿児島県に5種，宮崎県に1種が分布しています。また，河川によって生育する種も異なっていて，なかなかおもしろい植物です。（図参照）

カワゴケソウ科植物は渓流植物といわれ，急激に増水し，激流にもまれ，すぐに干上がるような厳しい環境に適応しています。流水中では突起物となる茎や葉は退化し，体をつくる葉緑体は根に移動しました。このため根は緑色になって発達し，水の抵抗がないように平たくなって岩礫にくっついています。通常は流水中に生活し，水位の低い冬季に，花びらのない花を咲かせ実をつけます。生育には日照時間のほか，流速も深くかかわっています。開けた明るい空間で，流れが1秒間に30cm以上の速さになり，水深が主に30cm未満の浅いところに，塊状になって分布しています。水深が1mを超える深いところや流れの緩やかなところには分布していません。

水深の浅いところが広範囲にある河床地形は，火山活動が関係しています。鹿児島県本土は大昔に，それぞれ活動時期の異なる姶良，阿多，加久藤カルデラを起源とするダイナミックな火山活動が起こり，この時発生した火砕流によってつくられた溶結凝灰岩が河床にも広く分布しています。

軽石に付着するカワゴケソウ　＊25

カワゴケソウのつぼみと針状葉　＊25

花と果実　＊25

安楽川にはカワゴケソウ（左）と
ウスカワゴロモ（右）が生える

安楽川

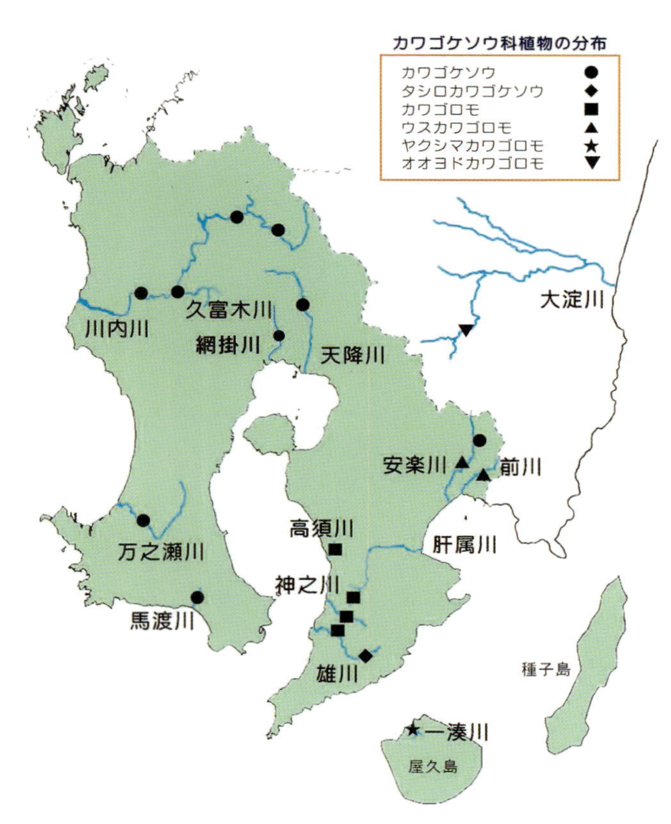


カワゴケソウ属：カワゴケソウ（川内川，久富木川，天降川，網掛川，安楽川，馬渡川，万之瀬川）
タシロカワゴケソウ（雄川）

カワゴロモ属：　ウスカワゴロモ（安楽川，前川）ヤクシマカワゴロモ（一湊川）
カワゴロモ（雄川，神之川，高須川，肝属川）　オオヨドカワゴロモ（大淀川）

カワゴケソウ科植物の分布

ウスカワゴロモ

花と果実

ウスカワゴロモの群落

また鹿児島県は九州の南端にあって，黒潮により熱帯の海のエネルギーが運ばれ，温暖な気候となっています。このため，熱帯性の植物が生育し，分布の北限地になっているものもたくさんあります。

このように鹿児島は，カワゴケソウ科植物に選ばれた地域であり，加えて河川によって生育環境が異なることから，多数の種に分化してきたと考えられます。

鹿児島県はこのようなユニークな学術的価値に注目して，昭和29年（1954年）に「カワゴケソウ科」として特定の河川を県の天然記念物に指定し，保護に努めてきました。

また文化庁は平成22年（2010年）に，「志布志のカワゴケソウ科植物生育地」，「ヤクシマカワゴロモ生育地」の名称で，志布志の安楽川と前川および屋久島の一湊川において特定の区間を国の天然記念物に指定しました。

安楽川では轟から棚下橋間，前川では潤ケ野から別府間を中心に，姶良カルデラ起源の溶結凝灰岩の河床が水によって削られた見事な景観があります。カワゴケソウ科植物はそこに分布しています。種としては，カワゴロモ属のウスカワゴロモが両河川にあり，安楽川にはカワゴケソウ属のカワゴケソウも自生しています。ウスカワゴロモの分布は県内ではこの2河川だけで，カワゴケソウは安楽川のほか，川内川をはじめとする薩摩半島の5河川に分布しています。

一湊川には，カワゴロモ属のヤクシマカワゴロモの自生地があります。海水の遡上が見られなくなった稚児見橋の300mほど上流から，白川集落近くの天幸橋の100mほど上流まで生育しており，ほぼこの区間が天然記念物に指定されています。

この指定地の河床は溶結凝灰岩ではなく，マグマが地中で冷えて固まった花崗岩の転石です。上流では巨大で岩盤のようになっていますが，下流では

カワゴロモが生育する雄川の花瀬

小さな転石が敷き詰められたようになっており，その転石上にヤクシマカワゴロモは生育しています。

ところで今，カワゴケソウ科植物は危機的な状況にあります。それは水量と水質の問題です。河川には多くの場合，発電や農業用，生活用水確保のためのダムが造られ取水されています。森林伐採および針葉樹への樹種転換や竹林の増加も水位低下に拍車をかけ，カワゴケソウ科の生育環境は狭められています。また，過剰な施肥や，家庭排水，畜産廃水の河川への流入によって富栄養化が進み，競合する藻類によってカワゴケソウ科植物が被覆され，除草剤や合成洗剤等による成長阻害でも活性が低下しています。

環境省及び鹿児島県では，カワゴケソウ科植物のすべての種を絶滅危惧植物に指定し，生育環境の保全に警鐘を鳴らしています。指定地の安楽川，前川，一湊川とも人家や耕作地に接する脆弱な環境ですが，地域の方々の文化財保護への意識も高く，生育地の中で比較的安定した生育状況であるといわれています。しかし今後，事故や故意によって水環境が悪化すれば，国民的財産であるカワゴケソウ科植物の衰退や絶滅が懸念されます。

急流の過酷な環境に生えるカワゴケソウ科植物は，誰が花粉をめしべまで送り届けるのか，どのようにして上流へ分布を広げているのか，謎の多い植物の一つです。鹿児島で多様な種に分化しているこれらの植物種は，私たちの住む環境の健全度を示しているのかもしれません。

ヤクシマカワゴロモ

ヤクシマカワゴロモの花

カワゴケミズメイガの成虫　＊26

幼虫

ヤクシマカワゴロモの観察をする高校生

# 藺牟田池がたいへんだ

薩摩川内市祁答院の市街地から田園地帯を過ぎ，ぶどう畑，モウソウチク林，スギ林，常緑樹林の坂を上り終えると絶景が広がります。標高 300 m の地に，緑に囲まれた，面積 63ha の火山湖，藺牟田池があります。

藺牟田の名は藺草が生える広い土地（牟田）に由来しますが，この地にはかつて集落を潤したアンペライが広い面積にわたって生えています。このほかに，ヒトモトススキ，ヨシ，マコモ，オオタチヤナギなどが広く群落をつくり，これらの植物が水中に没して分解されずに堆積し泥炭を作っています。

この現象は暖帯域では極めて珍しく大規模で学術的に貴重であるため，大正 10 年（1921 年）に「藺牟田池の泥炭形成植物群落」とし国の天然記念物に指定されました。天然記念物としては制度発足後 2 回目の指定であり，当時からその価値が注目されてきたことの証左です。

昭和 28 年（1953 年）には藺牟田池県立自然公園に指定され，平成 17 年（2005 年）にはベッコウトンボ等の生息地として国際的なラムサール条約登録湿地となりました。

このように，藺牟田池はさまざまな価値があり，次の世代につなぐべき貴重な自然であったはずです。

ところが今，藺牟田池に大きな変化が起こっています。

ベッコウトンボ

50年前まで湖面はヒシやジュンサイ（写真黄緑部）で覆われていたが，コブハクチョウに被食され，2006年にはわずかに写真の場所でのみ確認された．2016年には確認できなかった

まず，泥炭が少なくなり大きさも小さくなりました。泥炭上の植物群落を従前の調査と比較すると，形状，面積とも激減しています。

20年前は池の西側に半月状にびっしりと分布していたものが，現在は半月が大きく切れ込み，分割されて空所も発生しています。かつて生息していたヨシ群落のほとんどが，また，ヤナギ群落の半分近くが消滅し，群落の面積は当時の70％まで減少しています。水深が深くなった状態が長時間続き，水圧によって植物が根腐れを起こしたものと推測されます。

また，池に生える植物種数も激減しています。かつてボートの進路を阻むほどびっしりと水面に浮かんでいたジュンサイやヒツジグサ，ヒシの姿はありません。観光のために導入された外

泥炭形成植物群落の推移　＊27

消えたヨシ群落

コブハクチョウ

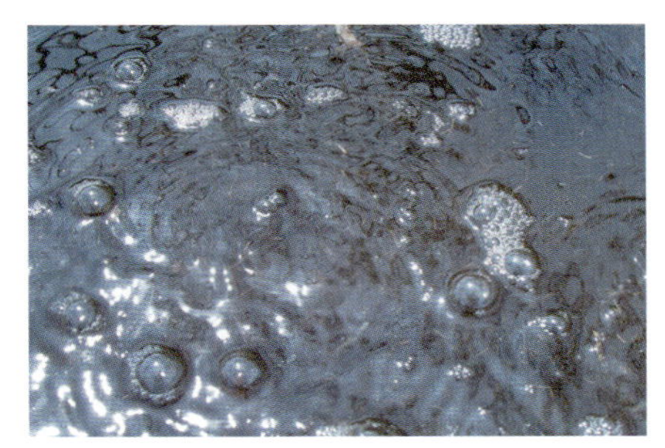

ヨシ群落の植物体が分解されて発生したメタンガス．2006年調査時

来生物コブハクチョウの採食によって絶滅したといわれています。さらに，水際に生えるウリカワやコナギなどの湿生植物の減少も著しいものがあります。

これまで確認された植物種140種のうち半数が，2016年の調査では確認されていません。農業用水確保のため，周年，高水位に保つことによって，水際の植物の居場所が失われたと考えられます。

水質も変化しています。かつて泥炭地特有の強い酸性だったものが，徐々にpHも高くなり，アルカリ性の状態も観測されています。泥炭の分解が加速され，泥炭量が少なくなる要因です。

外来種が及ぼす影響も大きくなっています。

5～6月に鮮やかな黄色の花をつけるキショウブが増えています。

泥炭上では，当初は見られなかったメリケンカルカヤやセイタカアワダチソウ，ヒレタゴボウなどが大手を振っています。

コブハクチョウが泥炭の上に這い上がって泥炭は削られ，過去の写真では大きな起伏が見えたものが，すっかり平準化されています。

池の植物群落が変化したり泥炭量が減少したりすると，そこを生活の場としている昆虫や，その昆虫を食べる魚類や鳥類にも影響があります。ベッコウトンボや，毎年訪れる渡り鳥たち，また，何よりも池の豊かな自然で心を癒やしている人々をはじめ，池の水資源を利用している人々にも影響が及びます。

ラムサール条約は，湿地の賢明な利用（生態系の保全）を目指して制定されたものです。蘭牟田池の今の状況は，果たして賢明な利用といえるでしょうか。

かけがえのない自然が人の手で変わったのであれば，その影響を軽減する手立てを実行する必要があります。

マコモ

ジュンサイ群落．2006年

ヒツジグサ

オオバナイトタヌキモ　＊1

ホザキノミミカキグサ

スズメハコベ

ミミカキグサ

エゾミソハギ

ヒメシダ

マダイオウ

マイヅルテンナンショウ

ヒメミクリ

外来種のキショウブ

国内外来種のカキツバタ

北米大陸中部原産のヌマスギ

# 砂浜の植物



春は海が近くなる季節です。海で遊ぶとき，植物もウオッチングしてみませんか。

海岸はさえぎるものがないため，そこに生きる植物にはとても厳しい場所です。砂浜で毎日波が押し寄せるところには，植物は育ちません。大波が来て，海草などの海からのプレゼントがたまる渚から植物は生えはじめます。京野菜の一つでもあるツルナやオカヒジキが生えることもあります。

本格的に植物が生えるのは，渚よりちょっと陸側に行った辺りからです。ここも荒れた天気のときは波が押し寄せることがあるため，体が引きちぎられることのないよう地表や地中に長い茎を這わせるコウボウムギやハマグルマ，ハマヒルガオなどが生えます。

渚近くの植物はいずれも葉が厚く，茎を長くして，厳しい環境を生きています。おもしろいことに，葉が砂に埋もれても自分で脱出する力を持つものもいます。

葉が厚ければ，強風で舞い上がった砂が激しく叩きつけても内部が傷つくことが少なくなります。また夏場，砂浜は乾燥し表面は飛び上がるほど熱くなっています。そんな中で生きるには，葉に水をいっぱい蓄えておくとよく，葉を厚くしていると好都合なのです。

さて，まず渚にコウボウムギなどが生えると砂が動きにくくなります。密に生えると地表に当たる風が弱くなり，飛ぶ砂も少なくなります。

そうなると，植物は少しでも高くなって光をたくさん浴びようとします。コウボウムギよりさらに高いケカモノハシがまとまって生え，ますます風当

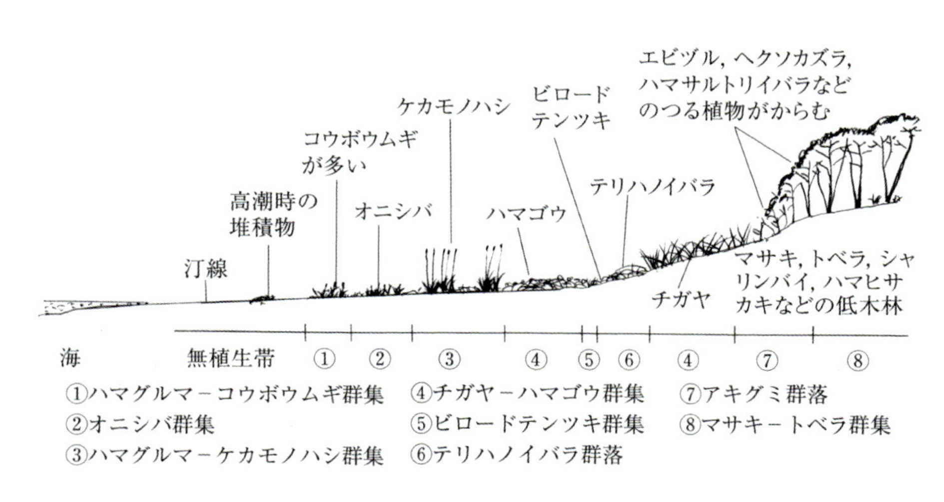


砂丘の植生分布図

たりを弱くします。
その後ろには，葉にさわやかなにおいがあるハマゴウや，とげはあっても気品ある香りの花をつけるテリハノイバラなどが，転げ回るようにして枝を伸ばします。
さらにその後ろに，枝が折れてもすぐに脇芽を出して厚い葉をつけるマサキやトベラなどの低木がびっしりと生え，陸の植物には有害な潮風をほとんど入らせないような林がつくられます。
こうして穏やかな環境になると，高木のヤブニッケイやタブノキなども生え，平地の森ができます。
このように浜辺では，特徴ある植物たちが身を寄せ合って次々と集団をつくっていき，そうすることで厳しい環境を陸の植物たちが生きていける環境へと変えていくのです。

砂丘の最先端に生えるハマヒルガオ

コウボウムギの雄株と雌株

ハマグルマ

ハマナタマメ

ハマボッス

ハマゴウ

ハマニンドウ

ハマナデシコ

# 白砂青松

鹿児島は砂浜も美しい。

とくに有名な海岸として，吹上浜と志布志湾があげられます。吹上浜は，いちき串木野市八房川河口から南さつま市加世田小湊海岸まで約 40km あり，松林で広く覆われています。志布志湾では，大崎町くにの松原から東串良町石油備蓄基地前までの約 10km に見事な松原が続きます。

美しい砂浜を表現する言葉として「白砂青松」があります。濃い緑の松林に抱かれた白い砂浜。

日本の原風景のように思われていますが，この砂浜は自然にできたものなのでしょうか。40km も続く吹上浜のクロマツの林は昔からあったのでしょうか。また，将来も続くのでしょうか。

鹿児島に自生するマツの仲間（マツ属）には，2 枚の葉をもつ 2 針葉のクロマツ，アカマツ，リュウキュウマツと，5 針葉のヤクタネゴヨウ，ヒメコマツの　5 種があります。このうち九州本土の海岸部に生えるのはクロマツ。同じ 2 針葉のアカマツに比べて，葉は太く長く，芽は白く，幹が黒いマツです。乾燥や塩害にも強く成長が早いため，海岸に植えられます。このクロマツが鹿児島では白砂青松の松なのです。

吹上浜は，延宝 2 年（1674 年）の大火でかつての海岸林が失われました。その際，東シナ海から吹きつける強風によって，塩害や海岸から吹き上げた砂がたまるなどして農地が失われ，生活が脅かされました。

その回復を図るため，田布施郷（現南さつま市）の宮内良門が砂防緑化の責任者となり，クロマツの植林事業が始まりました。これにより一時は回復したものの，その後の管理が行き届かず，幕末期には再び事態が深刻化します。今度はその子孫の宮内善左衛門が私財を投げ打って事業を続け，事態を回復させました。その後，一帯は保安林に位置付けられ，国営事業として砂防緑化が継続，現在も続いています。

大正期の吹上浜．鹿児島県発行資料より

くにの松原．江戸期より飛砂，塩害防止に植えられたクロマツ林（航空写真）　＊22

アカマツ

マツ枯れ

5針葉のヤクタネゴヨウ

とくに近年はマツクイムシ被害で一斉にマツが枯れることもありましたが，航空防除による薬剤散布やマツクイムシに抵抗性のある松を植えたり，発生の初期段階で対策を取ることでマツ林を維持しています。

このような経緯もありますが，吹上浜は昭和 58 年（1983 年）に，阿久根大島とともに「日本の名松 100 選」（日本の松の緑を守る会）に，昭和 62 年（1987 年）には志布志湾のくにの松原とともに「白砂青松 100 選」（林野庁）に選定されています。

ところで，乾燥や塩害に強く成長も早いクロマツでも，受ける光が弱いと枯れてしまいます。鹿児島のように温暖で湿潤な地域は植物の生育にとって好適なため，その分競争が厳しく，安定した土地であれば，草原もいつかは森林になってしまいます。樹木の中でも成長の早いクロマツや落葉樹も，勢いがいいのは初めのうちだけで，暖温帯では弱い光でも成長できるスダジイやタブノキなどの常緑広葉樹(照葉樹)が主体の林に取って代わられます。松林は安定した森ではなく，遷移していく森です。松林を維持していくためには，常緑広葉樹林にならないよう，森を明るくするための定期的な手入れが必要なのです。

マツクイムシ被害は，日本では 1900 年代から始まりました。鹿児島県は昭和 40 年代から被害が深刻化しています。抵抗マツも開発されましたが，それにも適応して襲うようなマツ枯れが発生すると，またそれに対抗するマツを開発し続ける必要があります。進化的にも，ほ乳類より古い時代から地球にすむ昆虫や線虫などは多様な能力をもっています。さらに，絶えず多様な方向に進化していることを考えれば，海岸の砂防をクロマツだけに頼ることは賢明とはいえないでしょう。

砂丘地の自然の姿は，鹿児島では常緑広葉樹林です。砂丘の裸地から砂丘草原，そして低木林，海岸林と続く本来の生態系に適合した森づくりが望まれます。

林床が発達しないリュウキュウマツ林

# 白砂青松のご褒美

松原の恵みとして有名なものといえば，ショウロ。松林にしか発生しないキノコです。かつては海岸の松林に普通に発生し，春秋のキノコ狩りは楽しみだったといわれます。

ショウロは松の露。マツの細根から出た菌糸は半球状の子実体（きのこ）となり，地表面に出てきます。人はこの子実体を食塩水で洗い，吸い物や焼き物，茶碗蒸しなどに利用してきました。そのキノコが今，採れません。誰も松林に入らないのに。

ショウロは，クロマツやアカマツなどの２針葉をもつマツの細根に寄生して発生します。マツの根は地中深く入っていると思われがちですが，実は地表面近くを這っていることが多いのです。それも湿ったところでなく乾いたところに根を張っています。ショウロや生きたアカマツの根に寄生するマツタケは，マツの細根を求めて発生するため，半ば地表面の，空気の多いところに現れることになります。とくにショウロは強いキノコで，地表面に攪乱が起きたところによく発生しています。

ところで‘鹿児島小原節’に歌われるように，国分を含む鹿児島県はかつてタバコの名産地でした。そのタバコ栽培の肥料に欠かせなかったのがマツの落ち葉です。また，マツは樹脂分を多量に含みよく燃えます。風呂を沸かすときの焚き付けとして，火力が強く重宝されました。このため人々はしばしば海岸の松林に入り，落ち葉掻きが絶えず行われました。この結果，地表面は空気とよく接して乾燥しショウロが生えやすく，また，たやすく見つけることができました。そして，砂浜はゴミが少なく，美しく保たれていました。

クロマツ

アカマツ

松ヤニを採った
リュウキュウマツ．伊仙町

ショウロ　＊28

ショウロの菌糸　＊28

マツタケ　＊29

そう，昔の海岸は美しかったのです。このような明るい森は松ぼっくりからこぼれた種子が発芽しやすく，マツの更新もスムーズに行われていました。あたかも海岸にはマツが自然に生え，もしマツが倒れることがあってもまたマツが生え，マツ林は永遠に続くものと思われていました。

ところが戦後，安価な肥料が簡単に手に入るようになると，松葉は必要とされなくなりました。また家庭の燃料も，安価で手間のいらないプロパンガスが普及すると，とたんに人は松林に入らなくなってしまいました。その結果，落ち葉がたまって富栄養化が進み，地表面は空気が供給されにくくなって，ショウロも発生しにくくなりました。たとえ発生しても，落ち葉やその上に生える植物によって隠されるため，見つけにくくなりました。

今，日本の各地でショウロの採れる海岸はほとんどなく，鹿児島でも極めて限定的になりました。その味の良さに着目し，栽培を試み，試験的には成功しているところもあります。その方法は，マツ林の林床に堆積した有機物層を除去し，木炭等を加えて通気性を良くし，ショウロの発生を誘導するというものです。志布志湾のくにの松原に近い県立有明高校（2015 年廃校）でも行われ成功したということで，その成果が注目されました。ショウロ栽培の技術と地の利が生かされ，商業ベースに乗り，地域の名産となってくれたらと願います。

ショウロの発生する海岸

松葉掻きやクロマツの薪採りが必要とされなくなった現在では，景勝地や海水浴場などクロマツの海岸林での落ち葉拾いや海岸清掃が，ショウロを発生させることがよくあります。そのような地域を維持することが，生物多様性の観点からも大事だと思います。

ショウロは美しい白砂青松からのご褒美なのです。

# 断崖に咲く白い菊

晩秋になると，白い野菊の便りが新聞の紙面を飾ります。写真で見ると，青い海をバックに白いカーペットを敷いたように，ひとかたまりになって生えています。白い野菊は，鹿児島ではいろいろな種があります。

奄美や喜界島，徳之島，沖永良部島ではやや大柄なオオシマノジギクが，屋久島やトカラ列島ではトカラノギクが，種子島や薩摩半島の枕崎以東と大隅半島には白くてやや狭い花弁のノジギクが，薩摩半島の南さつま市以西と甑島などにはサツマノギクが，どれも海岸付近に分布しています。また，南さつま市の磯間岳では，日本では対馬周辺とここだけに分布をするチョウセンノギクが山頂付近に生えています。

どのキクも葉に精油成分を含んで独特の香りがあり，見た目もよく似ていますが，葉の厚さや形などに若干の変化があって肉眼で識別できます。また，染色体の数と DNA の配列も異なります。

これらの野菊はいずれも，陽当たりが良く強い潮風のあたる海岸の断崖地や草原などに生えています。どうしてこんな過酷な場所に生えることができるのでしょうか。

サツマノギクをよく見てみると，太

トカラノギク

サツマノギク．白い野菊のなかでも舌状花の幅が広く，潮風のあたるところに生える

サツマノギクの花（上）と葉（下右）
下左はノジギクの葉

い根が岩のすきまに深く入りこんでいます。そして葉が厚く茎も太くなっていて水を吸う力が強く，その水を蓄える機能も備わっています。葉の表も裏も毛が多く，裏側は毛で真っ白になっています。顕微鏡で見ると枝分かれをしていて，T字毛と呼ばれています。この毛によって表面の空気が動きにくくなり，水分が蒸発するのを防いでいるのです。表側は毛だけでなく蝋のような物質に覆われて硬く，たたきつけるような雨の衝撃や塩分を含んだ強い

オオシマノジギク

チョウセンノギク

ノジギク

シマカンギクは葉が薄くて小さい．内陸部の崖地にも広がっている

潮風にも耐えることができます。

また太い茎には強い繊維が入っており，柔軟です。少々の強い海風では倒れることはありません。倒れたら這うように伸び，再び芽を持ち上げます。

サツマノギクが集団で生える場所は，海からの風がある程度弱まった場所です。すぐ前にホソバワダンやハチジョウススキがややまばらに生え，後ろにはテリハノイバラやハマゴウなどの地を這う低木が生えます。甑島ではカモノハシ，ハマトラノオなどとともに潮風の中で身を寄せ合っています。

さて，このサツマノギクは香りが強く，昔は胃腸薬等の医薬品として利用されていました。薩摩藩は佐多や山川，吉野に薬草園を設置して，薬の販売も全国的な規模で行われていました。島津斉彬に関する資料によると，幕末には騎射場（鹿児島市）に製薬所があり，甑島から毎年大量の菊を送って菊油を採っていたとの記載があります。

白い野菊は大型の草食動物にとってはご馳走のようです。屋久島の永田灯台や阿久根大島，悪石島の女神山には，かつて白い野菊のトカラノギクやサツマノギクが広く生えていましたが，今はシカやヤギなどに食べられ，ほとんど見ることはありません。そこには現在，シロノセンダングサが広がっています。これは日本のノギクと同じく白い花弁をもってはいますが，動物にくっついて種子が運ばれる外来種です。

かつての植生を取り戻すことはできないのでしょうか。

イソノギク

ホソバワダン

モクビャッコウ

キクの仲間ではないダンギク

ダルマギク．甑島の断崖地で，荒天時に潮風のあたるところに群落をつくる

オキナワギク．奄美諸島以南の隆起珊瑚礁のすきまに生える．荒天時には潮風にさらされる

# サンゴの島の黒い植物

サンゴ礁の島々の海辺は，白と黒の世界です。白は陸に上がったサンゴ。黒は濃い緑のこと。南国の強い日差しを受け止め，そのエネルギーを蓄えるように葉緑体をいくつも重ねた植物が，緑を重ね黒く見えるのです。

この植物たちも，海からの距離によって生える種が変わっていきます。

地殻変動で陸に上がった隆起サンゴ礁と，新たに生まれた沖合のサンゴ礁の間にある‘礁湖’には，ウミヒルモなどの海草が生えます。海草はウミガメやジュゴンなどの大型動物の餌としても重要です。

隆起サンゴ礁の波打ち際にも植物は生えます。イソマツやウコンイソマツ，イソフサギ，モクビャッコウなどです。満潮時には潮に浸る環境で，荒天時には激流となって波が押し寄せます。そんな場所で彼らはサンゴ礁にしがみつくようにして生きています。波にもまれても影響が小さくてすむよう葉は流線型で，体も 10㎝に満たないほどの大きさ。土もほとんどない岩の割れ目に根を張って，海水からも水を吸収できる仕組みをもっている，そんな特殊な植物たちです。

こんな厳しいところに生えるイソマツやウコンイソマツは，漢方薬に利用する目的でしばしば盗掘されるため，地元では監視の目を光らせています。両種とも絶滅危惧植物に指定されています。

波打ち際から少しずつ陸へ近づくと，次第に環境も和らぎます。それでも荒天時に海水が押し寄せるような環境には，びっしりとコウライシバが生えるところがあります。サンゴ礁の隙間やサンゴ礁に堆積した砂の上に生え

イソマツ

ウコンイソマツ

礁湖に生えるウミヒルモ　＊30

オキナワハイネズ．宝島

隆起サンゴ礁上の風衝低木林．喜界島

ます。さらに陸側の，海水の飛沫が飛んでくることはあっても潮が流れ込むことがないような場所には，蔓状になって地表を這い枝を伸ばすテンノウメやハリツルマサキ，クロイゲ，ヒメクマヤナギなどの低木が生えます。まだ土も十分になく乾燥も著しい場所ですが，わずかにたまった土を利用してコウライシバは生えているのです。その中に，宝石のような花を咲かせるオキナワチドリやナハエボシグサ，ハマボッスなどが混じり，春には幻想的なテッポウユリの大群落に変わることもあります。

礁湖でも，陸側が砂丘地になっているところでは植物種が変わります。波打ち際からわずかに後退したところでは蔓植物の群落が形成され，グンバイヒルガオやハマアズキなどが生えま

イソフサギ

ヒメクマヤナギ

テンノウメ

ハリツルマサキ

ミズガンピ

オキナワチドリ

ナハエボシグサ

テッポウユリ

す。ほとんど同位置に，コオニシバやハマニガナ，ハマボウフウなど地下茎の発達した群落もできます。波打ち際近くは風も強く，舞い上がった砂で植物体が埋まることがありますが，彼らも時間をかけて脱出する力をもっています。

砂の移動が止まったところには，びっしりとクロイワザサやツキイゲ，ハマゴウが群落をつくります。群落の高さは陸側ほど高く，種類も多くなります。そこには葉を持たず，黄褐色の紐のように見えるスナヅルが，他の植物に絡みついて吸血鬼のように養分を吸い取っている姿もあります。これらの植物集団には，陸の濁水を濾過する機能があります。

その陸側には葉にビロードのような毛を持つモンパノキや，鮮やかな黄緑のクサトベラが低木林を形成しています。さらにその陸側にはアダンが，びっしりと鋭いとげをもつ葉を繁らせて幹を縦横に伸ばし，海風を防ぐようにして群落をつくっています。アダンの果実はパイナイップルにそっくりで，熟すと甘い香りがしてかじりたくなります。残念ながら硬くて可食部はあまりありません。ヤシガニやオカヤドカ

グンバイヒルガオ

ハマニガナ

ミルスベリヒユ

りの餌になります。少し湿ったところではオオハマボウが，のたうち回るように枝を伸ばし風の侵入を拒みます。オオハマボウは黄色い花を次々と咲かせるハイビスカスで，花は夕方には赤くなってしぼみ，地域ではユウナと呼ばれ親しまれています。

サンゴ礁の島ではこのように，海辺の植物も多様な姿を見せてくれます。沖に生きたサンゴ礁があることによって，台風や季節風のときの荒波は沖合で弱くなります。このため，波打ち際近くから陸場の植物が生えることができるようになり，強い亜熱帯の日差しを利用する植物たちが身を寄せ合って厳しい環境を変えながら，豊かな海辺をつくっているのです。

モンパノキ

クサトベラ

アダンの雌株

アダンの雄花と実生

地を這うオオハマボウの幹

オオハマボウ

# 生命のゆりかごマングローブ

満潮時には水に浸かり，干潮時には干潟になる場所（潮間帯）につくられる森を，マングローブ林と呼んでいます。熱帯から亜熱帯地域の河口に位置する汽水域の塩性湿地に成立する森林のことで，紅樹林または海漂林ともいいます。

世界では，東南アジア，インド洋沿岸，南太平洋，オーストラリア，アフリカ，アメリカ等に分布し，日本では沖縄県と鹿児島県に自然分布しますが，静岡県南伊豆町湊には昭和33年に奄美大島から移植されたところもあります。

鹿児島県内には，徳之島，加計呂麻島，奄美大島，屋久島，種子島，南さつま市，鹿児島市にマングローブ林があり，鹿児島市喜入前之浜は，「喜入のリュウキュウコウガイ産地」として国指定特別天然記念物に，また，中種子町阿嶽川は「種子島阿嶽川のマングローブ林」として，南さつま市，西之表市，屋久島町は，市・町指定の天然記念物として文化財指定されています。

マングローブ林を構成する植物は世界に100種程度あり，主要な樹木の多くがヒルギ科，クマツヅラ科，ハマザクロ科（マヤプシキ科）の3科に属する種です。日本国内でマングローブ林にのみ分布が限定される種は，メヒルギ（ヒルギ科），オヒルギ（ヒルギ科），ヤエヤマヒルギ（ヒルギ科），ハマザクロ（ハマザクロ科，別名マヤプシキ），ヒルギダマシ（クマツヅラ科），ヒルギモドキ（シクンシ科）及

中種子町阿嶽川に生育する低茎のメヒルギ群落

加計呂麻島呑之浦のオヒルギ群落

オヒルギの花

びニッパヤシ（ヤシ科）の５科７種です。

北に行くほど冬場の寒さが厳しくなるため，西表島で７種生えていたものが沖縄本島でオヒルギ，メヒルギ，ヤエヤマヒルギの３種になり（近年，移植されたマヤプシキが増えている），奄美大島ではオヒルギとメヒルギ，屋久島以北ではメヒルギだけが生えています。

ヒルギ科の植物の葉はいずれもつやがあり楕円形で分厚く，厚いクチクラ層に被われています。

波によって洗われる泥湿地に生えるため種によって多様な根をもち，自身の命を支えています。

メヒルギは板根状になります。オヒルギの根は膝状に地表に顔を出し，膝根と呼ばれています。ヤエヤマヒルギの場合，タコの足状に，地表より上から斜めに根が伸び幹を支えるようになるので，支柱根と呼ばれています。

また，繁殖戦略の一つとして胎生種子による潮流分散を採っています。

普通の種子は，地面に落ちてから発芽するまで相当の時間を必要としますが，それだと潮流のあるところでは流

ヤエヤマヒルギはタコの足状に根を張る

西之表市湊川のマングローブ

南種子町大浦川に広がるマングローブ

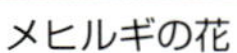
メヒルギの花

母樹で発芽したメヒルギの種子

メヒルギの胎生種子

メヒルギの幼苗

オヒルギの胎生種子

され，また腐敗してしまう懸念があります。

そこで，マングローブをつくるヒルギ科の種子は枝に付いたまま発芽し，母木から養分をもらって茎となる胚軸を伸ばします。その後，ある程度の大きさに達すると，胚軸の先端に新葉がついた苗（胎生種子）の状態で母木から抜け落ちます。

落ちた胎生種子は水に浮き，潮の流れによって母木から離れますが，このときの流れていく様がヒル（蛭）に似ることが，ヒルギの名の由来とされています。

やがて岸に打ち寄せられて泥土に接触し，潮が引くと，そこに残された苗が発根して根を土中に潜り込ませ，ついには自力で立ち上がるというわけです。

幼苗が立ち上がった様は，あたかも母木から落ちて突き刺さったものが成長したかに見えますが，そういう個体は数万分の 1 の確率でしょう。

マングローブ林は熱帯から亜熱帯の海水に浸る土地で，主としてある程度以上の大きさの川の河口域に成立します。また，波当たりの弱い普通の海岸でも生育することがあります。

マングローブの生態系は，干潟の性質を持ちつつ，そこに樹木が密生する場所です。

干潟は，河川上流や海から供給される有機物が集まって分解される場所ですので，非常に生産力の大きい環境であり，多くの生物の活動が見られる場所です。しかしながら，表面に植生のない単純な構造の干潟は，生物の生育場として限界があります。

それに対してマングローブは，同様な環境でありながら樹木が発生し，特徴的な呼吸根が発達することで表面の構造が複雑になり，それがさまざまな動物に隠れ家を与えます。

メヒルギ等の幹の表面にはコケ類や

地衣類が繁殖し，その上には蔓植物のナンテンカズラやシイノキカズラなども繁茂します。このため，「生命（いのち）のゆりかご」とも称されるのです。

また，マングローブ林に隣接し毎日の潮汐で海水のかぶらない位置に‘半マングローブ（バックマングローブ）’があり，マングローブ林の一つに分類されることもあります。

半マングローブを構成する植物の代表的な種には，ハマボウやオキナワキョウチクトウ，オオハマボウ，ハマジンチョウ，イボタクサギ，ハマナツメなどが挙げられます。

マングローブ林やバックマングローブは，エビやカニなどの隠れ家や生活の場になったり，水質の浄化を担ったりするだけでなく，高潮や津波から陸地を守るはたらきもあります。

満潮時に水没するメヒルギ群落

潮が引いたメヒルギ群落．種子島湊川

オキナワキョウチクトウの花と果実

ハマジンチョウ

ハマナツメ

# 津波で分布広げる？モダマ

童話「ジャックと豆の木」に登場する，天まで伸びる豆の木をご存じですか。鹿児島県内にも，さすがに天までは届きませんが，とても大きな豆の木があります。

それは，屋久島町安房と奄美市住用に生える「モダマ」です。さやの長さが 1.5 mもあり，種子の直径は 5㎝を超えます。蔓はシイやタブノキなどにびっしりとからまって，山を覆うほど大きくなる木です。自生地はいずれも標高 20 m以上，奄美では海から 2㎞も離れています。

モダマはもともとアフリカや東南アジアの海岸部に生える植物ですが，その種子は日本の太平洋岸に漂着するごみの中からもしばしば見つかります。「藻玉」の名は，海藻にまぎれて岸に打ち上げられることからきているのです。

でも，不思議です。海岸に漂着するモダマが，なぜ海から離れた場所に生えているのでしょうか。

この不思議はモダマだけではありません。沖縄県石垣島の‘ンタナーラの森’に生えるサキシマスオウノキ林にも同じような疑問がわきます。

その森は標高 70 ～ 100m の地点にあり，桴海於茂登岳（ふかいおもとだけ）を源流とする宮良川が流れています。そのいくつかの支流の付け根にどっしりとした板根をもつサキシマスオウノキが生え，高さが 20m 以上ある森をつくっています。水に浸かっているところや流れているところはサキシマスオウノキ林で，周辺には同じように立派な板根をもつギランイヌビワが列を作って生えています。

また，サキシマスオウノキ林のとなりには，さらにびっくりするほど見事な板根をもつオキナワウラジロガシ林があります。ンタナーラの森は構成する木々がどれも異様な形をしています。

さて，このサキシマスオウノキ林は，普通は熱帯の海岸の泥湿地に森をつくり，潮の流れを利用して成育地を広げます。

モダマの花　＊8

1m にもなるモダマのサヤ　＊8

郵便はがき

料金受取人払郵便

鹿児島東局
承認
300

差出有効期間
2027年2月
4日まで

有効期限が
切れましたら
切手を貼って
お出し下さい

892-8790

168

鹿児島市下田町二九二—一

図書出版
南方新社 行

| ふりがな<br>氏　　名 | | 年齢　　　歳 | |
| --- | --- | --- | --- |
| 住　　所 | 郵便番号　　　－ | | |
| Eメール | | | |
| 職業又は<br>学校名 | | 電話（自宅・職場）<br>（　　　） | |
| 購入書店名<br>（所在地） | | 購入日 | 月　　日 |

**書名**　（　　　　　　　　　　　　　　　　）愛読者カード

本書についてのご感想をおきかせください。また、今後の企画についてのご意見もおきかせください。

本書購入の動機（○で囲んでください）

A　新聞・雑誌で　（　紙・誌名　　　　　　　　　　　）
B　書店で　C　人にすすめられて　D　ダイレクトメールで
E　その他　（　　　　　　　　　　　　　　　　　　　）

購読されている新聞，雑誌名

新聞　（　　　　　　　）　雑誌　（　　　　　　　）

直 接 購 読 申 込 欄

<table>
<tr><td colspan="3">本状でご注文くださいますと、郵便振替用紙と注文書籍をお送りします。内容確認の後、代金を振り込んでください。（送料は無料）</td></tr>
<tr><td>書名</td><td></td><td>冊</td></tr>
<tr><td>書名</td><td></td><td>冊</td></tr>
<tr><td>書名</td><td></td><td>冊</td></tr>
<tr><td>書名</td><td></td><td>冊</td></tr>
</table>

板根の発達した
サキシマスオウノキと
その果実

漂着後に芽生えた
ココヤシ

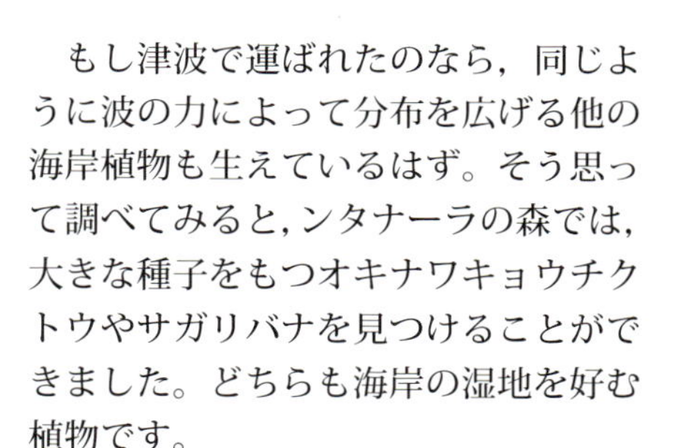

サガリバナ

サキシマスオウの果実は長さが10 cmにもなり，その中に2～3cmほどの大きな種子が入っています。硬いスポンジ状の層で被われ，その表面はなめらかで硬い膜のようになっていて，水にぷかぷか浮きます。

海岸に生える木がなぜ，こんな山奥にあるのでしょうか。

一つ仮説を立ててみました。過去に起こった大津波が，川を伝い海岸から離れた標高の高い場所まで種子を運んだのではないか……。

2011年3月11日に起こった東日本大震災の大津波は，思いもよらない奥地まで達しました。それは津波の恐ろしさを知らせるとともに，この仮説のヒントを与えてくれました。

もし津波で運ばれたのなら，同じように波の力によって分布を広げる他の海岸植物も生えているはず。そう思って調べてみると，ンタナーラの森では，大きな種子をもつオキナワキョウチクトウやサガリバナを見つけることができました。どちらも海岸の湿地を好む植物です。

この仮説を証明するには，これらの植物が生えている位置まで津波が来たことを示す痕跡，例えば貝殻やサンゴなどを現地で見つけることが必要です。今，それを捜しているところです。

諏訪之瀬島切石海岸に，台風後に届いた漂着種子（30分間で見つけた）

①ココヤシ　②ゴバンノアシ
③ニッパヤシ　④アダン
⑤テリハボク　⑥アツミモダマ
⑦カショウクズマメ　⑧ヒメモダマ
⑨コバテイシ（モモタマナ）
⑩サキシマスオウノキ
⑪オキナワキョウチクトウ
⑫サガリバナ　⑬パプアアブラギリ

# ハスノハギリ自生の北限地

ハスノハギリはアジア，アフリカの熱帯，あるいは亜熱帯の海岸に自生しています。日本で自生の北限といわれるのは奄美大島の瀬戸内町で，沖永良部島と，沖縄本島以南の南西諸島には広く分布しています。

ハスノハギリの葉は厚くて丈夫です。葉は，直径が 10 ～ 30㎝と子どもの傘になりそうなほど大きく，互い違いにつきます。その付き方が「ハスの葉」状になることが和名の由来になっています。また果実は，先端に直径約 1㎝の穴が開いた総包葉に包まれます。総包葉は写真のように壺状卵形で，直径 3 ～ 4㎝，薄い緑色または紅色に熟します。落下した果実は水に浮き，潮流によって散布されます。種子が大きく養分をため込んでいるため，少々暗くても発芽し成長することが可能です。

また，折角ためた種子の養分を虫に食われないように，有毒なポドフィロトキシンをため込んでいます。南西諸島にすむヤシガニを食べると中毒を起こすことがありますが，その原因は，ヤシガニがハスノハギリの実を食べ毒をため込んだためといわれています。

樹木としては成長が早く，石垣島で実際に植林してみると，30 年生のもので胸高直径が 55㎝にもなりました。風あたりの弱いところでは，高さ 20 mに達するまで成長するといわれています。

イイギリなどキリと名のつく植物の材は一般に軽くて水に浮き，加工しやすいものが多いです。このハスノハギリも軽い材で，虫の被害が少ないためアンガマ（沖縄県の八重山で行われている民俗芸能）などに使う面やカヌー

ハスノハギリ林．林床にはほとんど植物が生えない

果実．下は熟して落ちたもの

などに利用されています。

ハスノハギリは砂丘地にハスノハギリ1種が，圧倒的に地表を覆うような巨木の森をつくります。というのも，砂丘地は台風時など潮風が強く当たり，時に樹木にとって有害な海水が流れ込んだりする劣悪な環境です。そこで成長の早いハスノハギリが発芽すると，もうほかの樹木はなかなか生えることができなくなり，ハスノハギリが優占する森ができるわけです。

県立博物館では，文化庁と石垣市の依頼で調査研究を進めてきました。調査は，沖縄県石垣島にあるもっとも規模の大きな群落を中心に行いました。この成果が基になり，「平久保安良のハスノハギリ群落」は平成25年(2013年)，国の天然記念物に指定されています。

同年11月に沖永良部島で移動博物館を行った際に，知名町の沖泊海岸で自然観察会を行いました。そこは白いサンゴ砂で満たされた海岸で段丘ができています。その段丘のテラス面にどっしりとハスノハギリの巨木が横たわっており，砂浜の大王のような風格が漂っていました。

ところで，ハスノハギリの自生の北限は瀬戸内町と書きましたが，じつは喜界島の志戸桶集落に，どういう訳か1本だけ巨木があります。人家の屋敷内に鎮座し，平成14年（2002年）には喜界町の天然記念物にも指定されています。その近くには，津波の時に打ち上げられたとか，山から崩れ落ちてきたとかいわれている大きなサンゴ礁の岩塊もあり，自然の不思議議を感じさせる場所です。

鹿児島は，熱帯性の植物の北限地となっている場所が多数あります。なぜ植物がそこを北限としているのか。そんなことを考えてみると，興味が尽きません。

石垣島安良浜，沖縄県

沖永良部島の沖泊海岸

喜界島志戸桶集落に1本だけある

# 困ってしまったモクマオウ

奄美群島や琉球諸島の海岸部では，マツによく似た木が防風林，防潮林として植栽されています。樹高が 10m を超えるものもあり，海岸では突出して大きいモクマオウです。

モクマオウはオーストラリアや東南アジアを原産とする植物で，樹形は一見マツに似ています。雄花には痕跡的な花びらがあり，雌花はマツのように球果状になる，れっきとした被子植物です。葉は鱗片のようで，シダ植物のトクサのように多数に断裂します。この性質を利用して，引っ張って切断した葉の継ぎ目を当てるゲームをすると子どもたちは夢中になります。

モクマオウは乾燥に適応し，海岸や乾燥地にも生育します。根にはフランキア属の放線菌が共生し‘窒素固定’をしています。海風にも強く成長が早いため，防風林，防潮林，防砂林としての機能が期待され，亜熱帯地域の海岸部で大々的に植林が行われてきました。奄美諸島だけでなく種子島や宝島など，県内の砂丘地では吹上浜や垂水市に，クロマツとともに大量に植林されています。

海岸の環境は特別に厳しいものです。潮風が葉に付着すると表面から水分が奪われるため，植物は葉の表面を厚くして濃い塩分に接しないよう身を守ります。また，海岸は定期的に台風や季節風などの強風が吹き荒れます。とくに亜熱帯の台風の風は猛烈です。一般的な海岸であれば，まずアダンやオオハマボウが防波堤をつくります。倒されても根が大地にしがみつき，倒れた幹がのたうち回るように伸びるか

海岸に進出するモクマオウ．龍郷町浦

モクマオウ

板根が出るアカテツの林．宝島

らです。そしてその後ろに，アカテツやヤブニッケイ，ハマイヌビワ，アコウ，ガジュマルなどの樹木が植物社会をつくり，強い潮風を和らげます。

一方，外来のモクマオウは共生菌の力を借りて急激に成長します。しかも他の植物を成長させない成長阻害物質を出しているため，モクマオウの下で生き残れる植物種はごくわずかしかありません。モクマオウは豊かな空間を独り占めして生きる樹木なのです。

ところが，絶対的な覇者に見えるモクマオウは決して風に強いわけでなく，じつは一定以上の風で折れたり倒れたりして枯れてしまうといった弱点があります。とくに砂が吹き付けると幹の皮が剝がれ，枯死してしまうのです。

実際に与論島や沖永良部島，沖縄県の伊是名島をはじめ多くの島でも台風時の強風によって枯死し，モクマオウ林の多くが失われました。材は硬く加工がしにくく重いため，あとの利用も燃料ぐらいにしかなりません。

モクマオウの下には他の樹種が育っていないため，森林の回復には大変な時間がかかることになります。

台風で枯れたモクマオウ．沖縄県伊是名島

モクマオウはまた，大量の種子をつくり風によってばらまきます。発芽能力も高く，海岸の裸地に遠慮なく侵入し，そこで自分だけの世界をつくってしまいます。このため海岸の植物社会は単純化し，多様性は失われます。鹿児島県は平成 28 年に「鹿児島県侵略的外来種番付表」を制定し，モクマオウ類を小結に位置づけました。

このような状況でもなお，成長が早いからとモクマオウを植林する愚が今も行われています。昔からの森が健全に育っているところにも植え，地域の生態系にダメージを与えています。

現在一部の地域ではボランティアも参加して，はびこったモクマオウの除去作業が行われています。

アダン林，アカテツ林，ヤブニッケイ林と続く宝島の海岸林

無数に出てくるモクマオウを抜き取るボランティア　＊31

# 海岸浸食で減少する陸地と植物

天気がよい日に海辺を歩くと，気持ちよさでいっぱいになります。海は遮るものがなく開放感があります。

ところが今，多くの海岸で昔と様相が一変していて驚きます。砂がなくなっているのです。砂がなくなり海岸がえぐられ，浜崖ができている。砂浜が礫浜や岩石海岸に変わっているところもしばしば目にします。その一方で，突堤や離岸堤を築いたところではその後背に堆積現象が起きている箇所もあります。でもこれは，局地的な現象に過ぎません。

鹿児島だけではありません。北は北海道から南は沖縄県まで，ほとんどの砂浜に異変が生じています。日本だけでなく世界的な傾向といわれています。

海岸浸食によって，とくに植生がある最前線から砂浜の駆け上がり部に生える草原の植物が，目に見えて減少しています。

サンゴ礁に囲まれた奄美・徳之島では，かつてはアダンの海岸線の前にモンパノキやクサトベラの低木林があり，その前にツキイゲやハマゴウ，クロイワザサ，リュウキュウヨモギなどの密生した草原があり，さらにコオニシバやハマニガナなどの空いた草地があって，その向こうに白い砂浜が広がっていました。

今はあちこちでアダンの一部がなぎ倒され，その前にあった植物が見当たらないこともしばしばです。琉球諸島全体を見ても，すでにハマタイゲキやツキイゲ，リュウキュウヨモギなどを

浜崖になった日置市の入来浜

確認することが少なくなってしまいました。

国の特別天然記念物「枇榔島の亜熱帯植物群落」に指定されている志布志のビロウ島は，かつては砂浜がきれいな海水浴場として，たくさんの人で賑わったところです。今は砂もなく大きな岩がごろごろし，海水浴場はなくなりました。千葉県の九十九里浜でも，多数の海水浴場の閉鎖や，地引網漁の撤退が続いています。

海岸浸食は，海岸植物だけの問題ではありません。日本の国土が削られ狭くなる緊急事態なのです。人家や耕作地が迫っているところでは浸食で土地が消え，生命の安全や財産も侵害されています。平静時は気づかれにくいですが，台風時などに顕在化します。

海岸浸食の原因は，しばしば海岸の砂の増加と減少のバランスで説明されます。釣り合っているとき，海岸線に変化はありません。

浸食で最前線となったツキイゲ群落．沖縄県瀬底島

日本最大のウミガメ産卵地といわれるが，産卵ができる砂浜は痩せ細っている．屋久島いなか浜

かつては白砂の海水浴場が，礫浜に変わってしまった．志布志市の枇榔島

砂の増加は陸からの補給です。雨によって陸地が浸食され，表流水とともに陸の砂が海岸へ供給されます。昔は里山に人が入り，はげ山に近かった里山ではよく浸食が起こりました。人が入らなくなると下草が密に生え，浸食は減少しています。また，表流水が集まる渓流や川では，砂防ダムや堰が設けられたために砂が堆積し，海へ出ていくことが制限されています。

砂の減少要因の一つに，海砂の採取があります。都市の建物や道路にどのくらい砂が使われているかを考えると，その量が推し量れます。

地球温暖化による海水面上昇も大きな要因です。これは海水の温度上昇による膨張と，氷河や氷床の融解によるといわれています。海面は，1901～2010年の約100年間に19cm上昇しました。21世紀中には最大82cm上昇すると予測されています。海面が上昇するに従い，陸は海との接触面で浸食されます。異常気象で台風の規模が大きくなり，押し寄せる波が高くなっていることも懸念材料の一つです。

地球温暖化について某国の大統領は，自国が多大に余計な支出をしているといって‘某国ファースト！　温暖化はたわごと’と，これまで執っていた政策を撤回しました。

海岸浸食は地球規模で起こっている現象です。生態系に大きな影響を及ぼし，人の生命，財産にもかかわる問題でもありますが，多くの人にとっては実感がないのかもしれません。

広い視野を持って，自分たちにできる対策を進めるべきだと思います。

東串良町柏原海岸の浜崖

上甑島長目の浜

諏訪之瀬島切石海岸

沖永良部島の沖泊海岸

種子島本村海岸に残る原生的な海岸林．
砂浜は狭くなったが本来の植生が残り，塩害から農地を守っている

奄美市笠利町の土盛海岸．かつては白い砂浜が遠くまで広がっていた　＊30

## 主な参考文献


姶良町郷土誌改訂編さん委員会(1995)姶良町郷土誌 増補改訂版. 943pp. 姶良町.
上野益三(1982)薩摩博物学史. 317pp. 島津出版.
植村修二・勝山輝男・清水矩宏・水田光雄・森田弘彦・廣田伸七・池原直樹(編著)(2015)日本帰化植物写真図鑑 第2巻. 595pp. 全国農村教育協会.
大野照好他(1988)第3回自然環境保全基礎調査　植生調査報告書　鹿児島県. 91pp. 環境庁.
小椋純一(1992)絵図から読み解く人と景観の歴史. 238pp. 雄山閣.
小椋純一(2012)森と草原の歴史. 343pp. 古今書院.
乙益正隆(1993)草花遊び虫遊び. 199pp. 八坂書房.
鹿児島県(1920)東宮行啓記念写真集.
鹿児島県環境技術協会(1998)鹿児島の天然記念物データブック. 234pp. 南日本新聞社.
鹿児島県環境技術協会(1998)かごしまの天然記念物データブック. 217pp. 南日本新聞社.
鹿児島県環境林務部自然保護課(2016)鹿児島県の絶滅のおそれのある野生動植物(植物編)鹿児島県レッドデータブック2016. 499pp. 鹿児島県環境技術協会.
鹿児島県教育委員会(2005)先史・古代の鹿児島 資料編. 875pp. 鹿児島県教育委員会.
鹿児島県教育委員会(2006)先史・古代の鹿児島 通史編. 702pp. 鹿児島県教育委員会.
鹿児島県保健環境部環境管理課(1989)鹿児島のすぐれた自然. 314pp. 鹿児島県公害防止協会.
鹿児島県理科教育協会(1964)鹿児島の自然. 371pp. 鹿児島県理科教育協会.
鹿児島県立大島高等学校南島雑話クラブ(1997)挿絵で見る「南島雑話」. 216pp. 奄美文化財団.
鹿児島県立博物館(1980)鹿児島県植物方言集. 146pp. 鹿児島県立博物館.
鹿児島県林業史編さん協議会(1993)鹿児島県林業史. 1183pp. 鹿児島県林業史編さん協議会.
鹿児島の自然を記録する会(2002)川の生きもの図鑑. 386pp. 南方新社.
加治木郷土誌編さん委員会(1992)加治木郷土誌 改訂版. 627pp. 加治木町.
加藤雅啓(1996)進化的にみたイチョウとソテツ(特集・植物の生殖―イチョウの精子発見から100年). 生物の科学 遺伝,50(6),16-20. 裳華房.
蒲生郷土誌編さん委員会(1991)蒲生郷土誌. 941pp. 蒲生町.
環境庁(1980)日本の重要な植物群落　南九州・沖縄版(第2回自然環境保全基礎調査特定植物群落調査報告書. 206pp. 大蔵省印刷局.
鬼頭宏(2007)図説 人口で見る日本史 縄文時代から近未来社会まで. 208pp. PHP研究所.
霧島市(2008)平成19年度 霧島市天降川自然環境基礎調査業務委託報告書. 472pp. 霧島市.
熊谷清司(1975)草花あそび. 199pp. 文化出版局.
国立社会保障・人口問題研究所(2018)日本の将来推計人口―平成29年推計の解説および条件付推計―. http://www.ipss.go.jp/
志内利明・堀田満(2015)トカラ地域植物目録. 368pp. 鹿児島大学総合研究博物館.

清水矩宏・森田弘彦・廣田伸七（編著）（2001）日本帰化植物写真図鑑. 554pp. 全国農村教育協会.
須賀丈・岡本透・丑丸敦史（2012）草地と日本人. 244pp. 築地書館.
寺田仁志（1995）川内川流域の植生. 鹿児島の自然調査事業報告書 II 北薩の自然:79-88. 鹿児島県立博物館.
寺田仁志（1998）鹿児島県藺牟田池の植生と現存植生図. 南日本文化（31）:53-68. 鹿児島短期大学付属南日本文化研究所.
寺田仁志（2000）移入動物が無人島の植生に与える影響―臥蛇島の植物相と現存植生. 南日本文化（33）:59-108. 鹿児島短期大学付属南日本文化研究所.
寺田仁志（2004）日々を彩る一木一草. 210pp. 南方新社.
寺田仁志（2010）甲突川の河辺植生. 鹿児島純心女子短期大学想林（1）:42-66. 鹿児島純心女子短期大学.
中村浩（1980）植物名の由来. 270pp. 東京書籍.
名越左源太（1984）南島雑話. 234pp. 平凡社.
那須孝悌（1980）ウルム氷期最盛期の古植生について. 昭和54年度文部省科学研究費補助金総合研究（A）報告書 ウルム氷期以降の生物地理に関する総合研究:55-66. 亀井節夫.
初島住彦（1964）鹿児島県の植物. 鹿児島の自然:35-88. 鹿児島県理科教育協会.
初島住彦（1971）琉球植物誌. 940pp. 沖縄生物教育研究会.
初島住彦（1986）改訂鹿児島県植物目録. 290pp. 鹿児島植物同好会.
初島住彦（1991）北琉球の植物. 218pp. 朝日印刷.
服部保（2007）かしわもちとちまきを包む植物に関する植生学的研究. 人と自然 Humans and Nature,№17:1-11. 兵庫県立人と自然の博物館.
濱田英昭（1992）屋久島野生植物目録. 245pp.（自費出版）
原田洋・井上智（2012）植生景観史入門. 155pp. 東海大学出版会.
平田浩（2017）図解・九州の植物 上巻下巻. 1338pp. 南方新社.
福嶋司（1970）高隈山の森林植生―特にブナースズタケ群集の南限について. 北陸の植物, 18（2）:47-58. 金沢植物同好会.
藤本浩之輔（1989）草花あそび事典. 281pp. くもん出版.
古居智子（2013）ウィルソンの屋久島. 94pp. KTC中央出版.
古居智子（2016）ウィルソンが見た鹿児島. 157pp. 南方新社.
堀田満・緒方健・新田あや・星川清親・柳宗民・川崎耕宇（編）（1989）世界有用植物事典. 1499pp. 平凡社.
本川裕（2018）人口の超長期推移：社会実情データ図録 http://honkawa2.sakura.ne.jp
宮脇昭（編著）（1977）薩摩半島北部植生調査報告書. 142pp. 横浜国立大学環境科学研究センター.
宮脇昭（編著）（1980）日本植生誌（1）屋久島. 376pp. 至文堂.
宮脇昭（編著）（1981）日本植生誌（2）九州. 484pp. 至文堂.
宮脇昭（編著）（1989）日本植生誌（10）沖縄・小笠原. 676pp. 至文堂.
宮脇昭・奥田重俊（編）（1990）日本植物群落図説. 800pp. 至文堂.
野草環境教育研究会（2001）リーダーのための猪名川野草教室. 142pp. 野草環境教育研究会.

## あとがき　──ふるさとの自然　自然を思うひとに感謝して

昭和 50 年，鹿児島県高校教員に採用されたとき，独立採算制の林野行政下で全国の林業の赤字を補填すべく，樹齢数千年の屋久杉が瞬く間にチェーンソウによって伐採されていました。屋久杉だけでなく山にあるすべての樹木を切る皆伐で山は丸裸になり，これまでの伐採で屋久杉もわずかとなる中，川の氾濫や土砂崩れなどの環境異変が起こっていました。また，島民が多くを占める伐採作業員に，チェーンソウの振動による白蝋病などの健康被害が頻発していました。しかし当時，林業は島の基幹産業で，伐採をやめることは島の雇用に重大な影響を及ぼすことでもありました。

この現状に苦慮しながらも，若者たちが立ち上がっていました。自然の楽園と思われていた屋久島が人も自然も悲惨な現状にあることを全国に訴えて，屋久杉の森の伐採を止めさせ，次の世代にも屋久島の自然を残そう。屋久島出身で屋久島高校職員の大山勇作氏が中心となって「屋久島の自然を記録する会」を発足させ，ドキュメンタリー映画「屋久島からの報告」の制作・上映活動に取り組んでいたのです。

私も同級生たちが行っている活動に共感，同調し，鹿児島市内での制作協力券の販売，上映活動の責任者を無謀にも引き受けてしまったのです。これが，私が鹿児島の自然に向き合うきっかけとなりました。

制作協力券の販売を進めるとき，鹿児島短期大学教授大野照好氏から，なぜ屋久杉の森を保護しなければならないのか，その根拠となる人工林のスギ林と自然林のスギ林の価値について質問され，感情だけで活動していた理学部化学科卒の私は窮してしまいました。

その後，大野教授に師事し，短大生に混じって植物生態学を学びました。当時始まった環境庁による日本全国の植生図作成調査「第 3 回自然環境保全基礎調査」に大野教授の助手として参加し，県内各地の調査に再々同行させていただきました。その時，植物調査の方法や鹿児島県の植生の特異性だけでなく，自然観察の方法，鹿児島県の文化財についても現場で学びました。なお全国の植生図作成については現在も環境省において継続して行われ，鹿児島県出の凡例検討委員として植生図作成に参加しています。

平成元年には横浜国大環境科学研究センターに一年間，鹿児島県育英財団による国内留学の機会を得ました。宮脇昭教授の研究室で，国内はもとより米国，カナダ，韓国の植生調査にも参加し，早期に自然回復を図る宮脇方式による植林も，沖縄，岡山，箱根，横浜等で経験しました。
その後，高校教員に復職しましたが，平成７年からは学校を離れ，県立博物館，県総合教育センター，文化財課，県立博物館，県埋蔵文化財センターに勤務し，定年退職となりました。その後は平成 29 年３月まで，博物館に勤務しました。
この間，鹿児島県の有人島全ていくつかの無人島に上陸し，地域の植生をみることができました。
平成 18 年からは文化庁の非常勤職員を兼務し，国指定天然記念物の指定，保護のための調査を行ってきました。文化財の一つである天然記念物の指定には学術的な価値が評価されることと，保護の永続性が必要です。このため地域社会の自然への関わりや現在の自然のありようについて，土地の所有者，市町村教育委員会，地域の自然保護団体や NPO 等をはじめ多くの方々の協力を得て調査し，報告書をつくります。これまで鹿児島県では万之瀬川のハマゴウ群落及び底生生物群集をはじめ 11 件，沖縄県では石垣島にあるンタナーラのサキシマスオウノキ群落をはじめ３件，計 14 件の天然記念物指定に関わってきました。現在も指定や保護のための調査を行っていますが，この調査は地域の自然を大事に思う多くの方々の情熱に支えられています。

本書はこれまで調査したこと，体験したこと，感じたことを基に書き下ろしました。そのため，県内外に住む多数の方々にご協力をいただくことになりました。話題に登場する植物にかかわる民俗的な事象については，元黎明館学芸課長の川野和昭氏，鹿児島県文化財保護審議会委員の牧島知子氏，歴史的な背景については，推薦文を書いていただいた志學館大学教授で県立図書館長の原口泉氏，尚古集成館長松尾千歳氏，元尚古集成館学芸員寺尾美保氏，考古学的な事象では，鹿児島県埋蔵文化財センターで先進的な調査を行ってきた新東晃一氏，堂込秀人氏をはじめとする多数の職員および作業員諸氏との交流によって大きな知見を得ました。
また，自然史分野で地形，地質，地史については，鹿児島大学名誉教授の大木公彦氏，元県立博物館学芸主事の成尾英仁氏から絶えず大きな示唆を，動物分野については元鹿児島県立博物館長福田晴夫氏をはじめ鹿児島昆虫同好会の方々，奄美の動物や植物については東京大学医科学研究所の服部正策氏，故前田芳之氏，奄美の自然を考える会会長田畑満大氏に，現地で多くの示唆をいただきました。植物・植生分野については恩師である大野照好名誉教授，元横浜国立大学教授の大野啓一氏，鹿児島大学准教授川西基博氏，立久井昭雄氏をはじめとする歴代の県立博物館の学芸主事諸氏，博物館ボランティアの篠崎ちさ氏，鹿児島植物同好会のみなさんには，調査に同行していただき楽しい経験と多くのデータ，示唆を得ました。作家古居智子氏には「ウィルソン」を通じて近代日本のたどってきた自然の変遷についての資料を提供していただきました。

森づくりについては岸和田市の山形隆三氏，大分市の西野文貴氏に資料提供をいただきました。自然の基礎データ等についてはアジア航測（株），プレック研究所（株），（財）鹿児島県土地改良事業団体連合会，仙巌園，鹿児島市，十島村に便宜を図っていただきました。

掲載写真については上記の方々をはじめ，後に記載した多くの友人・知人から協力をいただきました。

また本書の編集，出版については旧来の友人である編集者の遠矢沢代氏，南方新社社長の向原祥隆氏に，多大かつ熱い御助言をいただき，より正確で，分かりやすく，丁寧な内容になったと感謝しています。

今生きる地域を愛し，それぞれのあついまなざしで自然を見ている方々の協力を得て本書を上梓しました。手にとってくださる皆様をはじめ多くの方々に，深く深く感謝する次第です。

平成最後の年三月

著者　寺田仁志

◎写真および資料を提供してくださった方（＊番号，敬称略）

1 立久井昭雄　2 青山潤三　3 川原勝征　4 中村 修　5 川野和昭
6 瀬戸内町立図書館・郷土館　7 十島村教育委員会　8 前田芳之
9 小石川植物園　10 堀 輝三　11 今井宣弘　12 今村 聡　13 池田 修
14 石垣市教育委員会　15 四本延宏　16 仙巌園　17 有村博康
18 岩切敏彦　19 服部正策　20 鹿児島県立博物館　21 川越保光
22 鹿児島県土地改良事業団体連合会　23 鹿児島市　24 西野文貴
25 讃岐 斉　26 福田輝彦　27 前田広則　28 諸木逸郎
29 矢田貝繁明　30 興 克樹　31 徳之島虹の会

## ■著者紹介


**寺田仁志**（てらだ・じんし）

鹿児島県屋久島生まれ。広島大学理学部卒業後，鹿児島県公立高校教諭。1989年，横浜国立大学環境科学研究センター植生学教室に国内留学ののち，鹿児島県立博物館，県総合教育センター，県教育庁文化財課，県立埋蔵文化財センター所長（2013年退職）。その後，県立博物館に勤務。
現在，鹿児島大学および近畿大学非常勤講師。文化庁文化財部調査員，環境省環境カウンセラー，環境省希少野生動植物保存推進員，鹿児島市・十島村文化財審議会委員，城山・喜入のメヒルギ・蒲生のクスなどの文化財保全に関する委員会委員長，桜島・錦江湾ジオパーク学術検討委員，鹿児島県河川整備計画検討委員，甑ミュージアム恐竜化石等博物館構想検討委員など。

【専門分野】植生学，博物館学
【所　　属】日本生態学会，日本植生学会，植物分類学会ほか
【著　　書】『日々を彩る　一木一草』（南方新社），『川の生きもの図鑑』（編集・共著，南方新社），『奄美群島の野生植物と栽培植物』（共著，南方新社），『自然を調べる　理科研究ガイド』（共著，木馬書館）など。



鹿児島植物記
自然の歴史と人の歴史が織りなす多様な植物社会

発行日　2019年5月4日　第1刷発行

著　者　寺田仁志
発行者　向原祥隆
発行所　株式会社　南方新社
〒892-0873　鹿児島市下田町292-1
電話　099-248-5455
振替　02070-3-27929
URL　http://www.nanpou.com/
e-mail　info@nanpou.com

装　丁　オーガニックデザイン
印刷・製本　朝日印刷
定価はカバーに表示しています。
乱丁・落丁はお取り替えします。
ISBN978-4-86124-395-0 C0045